草图

设计 ▪ 构思 ▪ 表现

SKETCH FOR DESIGN CONCEPTION

朱意灏 ┃ 朱昱宁 ┃ 徐海豪 编著

U0197394

中国建筑工业出版社

前　言

　　许多理工类出身的朋友在学习工业设计时，经常受困于手绘表现。"没有画画的基础，我怎么才能画好？"类似的疑问屡见不鲜。甚至有学生会因为手绘表现能力孱弱，而对专业学习失去信心。

　　工业设计并非是唯"画画"是问的专业。学习这个专业，也并非是为了成为画工出色的艺术家。作为一门"为人民服务"的专业，工业设计致力于针对问题的解决方式的设计。而在设计过程中，大家脑子里时常浮现的所谓"画画"，只是一种表现的技能，或者说是一种交流的语言。所表现出来的图文，是为了记录自己脑子里的构思，也是为了直观形象、简单明晰地与对方交流构思。所以，针对工业设计专业必学的画草图这个技能而言，与其说是"画画"，不如说是通过可视化的表现来存储、交流，草图只是信息的载体之一。所以，信息储存的快捷，信息沟通的顺畅，才是画草图的主要目的。

　　更何况，难道只有工业设计专业，才需要用草图的方式来进行信息的储存与交流吗？可视化的图文，用点、线、面、色等视觉要素组织的草图比一段段的文字，不是可以更容易、更快速地传递到对方的记忆里吗？在我看来，沟通是跨越一切学科、专业、行业、产业的概念。这么多行当都需要储存与沟通信息，为了沟通成本的降低、沟通效率的提升，用包括手绘、电脑等各种方式来图文并茂地表现信息，是我们每一个人都需要掌握的基本技能。说话要言简意赅，表现同样要简洁明晰；说话要围绕中心，表现同样也要主次分明。

　　这本书是为了让没有手绘基础的朋友，尤其是学习工业设计的学生在短时间内理解为什么要学习草图手绘，以及掌握如何利用点、线、面、色等视觉元素来进行思路整理与构思表现，并进而表达形态与设计。书中的范例，都来源于理工类工业设计专业学生。我们不要求画得有多"漂亮"、多"艺术"，而是希望能将构思与逻辑准确而清晰地表现出来。从某种角度说，准确的表现，清楚的逻辑，本身就是一种信息沟通的"艺术"。

　　受时间与精力限制，书中还有一些需要精雕细琢的细节，也难免出现认知有限甚至有失偏颇之处。在此，真心希望大家能够不吝赐教指正！

朱意灏

2016 年 11 月于杭州

目　录

|卷一|

逻辑

01 | 生活中的草图

思路整理与思维导图

　　手绘技能其实并非只有具备美术基础的人才能拥有。各行业的从业者也有许多一直在用手绘的方式来厘清思路、搭建框架、策划活动、表现构思。所以，理工类的学生也好，从事非设计类工作的朋友也好，其实均不必忌惮自己非专业的美术基础是否会使自己与"手绘草图"绝缘。草图思维不是用来帮助你成为艺术家，它只是更有助于你形成思维缜密、逻辑清晰、创意发散的处事之道。

　　该页下方的几张图，源自于人们的手稿、笔记与 PPT 版面中的内容，只是将其中的文字全部换成一条条直线，并结合数字、虚线、带有箭头的弧线以及包围着文字的图形轮廓线等图形元素，搭建起框架，我们将其视为一种可以体现逻辑、带有视觉引导特征的表现形式。由此，通过图文的组合与设计，我们可以将文字段落转化为可视化信息，以各种直观、形象的表达方式，准确、清晰地分层分类表达信息含义。

　　这就是思路整理之后，图文形态的可视化形式。这里的"图"，更多指的是点、线、面等图形要素；而这里的"文"，则是指经过凝练精简之后留下来的关键词或关键短句。由此我们发现，所有解释性、表述性的文字段落，都可以通过点、线、面等图形语言，通过有序的排列组合，形成秩序清楚、逻辑清晰的可视化信息图。

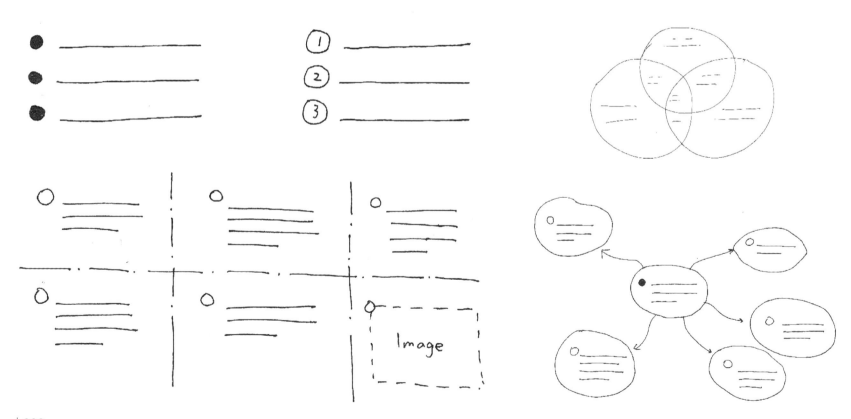

思路整理与思维导图

图形符号可以作为搭建和表现逻辑框架、思路策划的视觉工具。

例如：

点可以起到引导、起头的作用；

线可以起到区隔、引导的作用；

面可以起到限定范畴、划分区域的作用；

色可以起到分类、分区、分主次的作用。

这些点、线、面、色等视觉图形符号，可以灵活组合，自由变形，以构造各种思路框架，并体现出清晰严明的逻辑关系。

这就是一种表现技法，是无需具备美术基础且跨越专业、学科、行业、产业的从业者与学生可以掌握的整理思路、规整逻辑，基于草图思维的表现无误的表现方法，不仅适用于构思阶段的涂画，也适用于进行 PPT 制作时的提纲与框架搭建。一言以概之，简化内容，简明逻辑，简单表现，就是这种表现技法的思路宗旨。

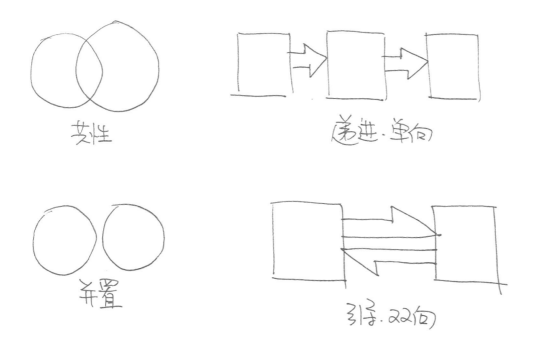

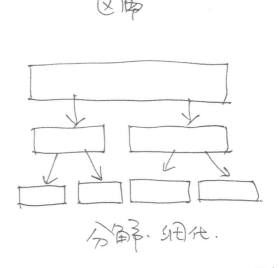

思路整理与思维导图

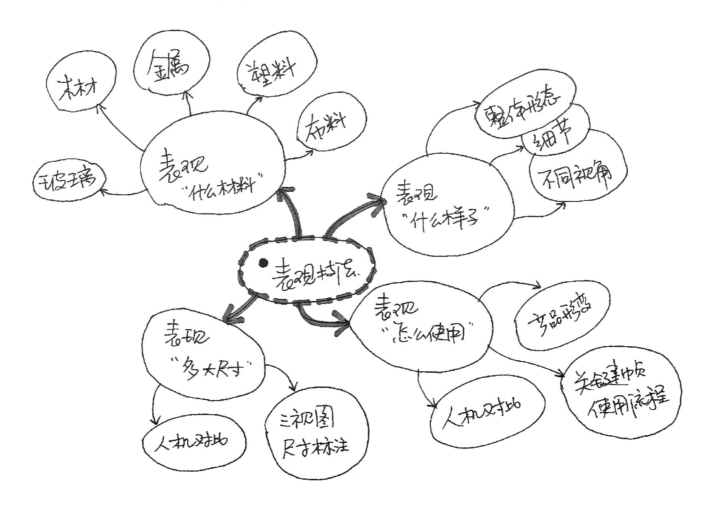

　　思维导图是一种典型的思路整理的表现方式，对于发散性思维的传递与表现尤为快捷方便。思维导图充分运用左右脑的机能，利用记忆、阅读、思维的规律，协助人们在科学与艺术、逻辑与想象之间平衡发展。

　　思维导图是一种将放射性思考具体化的方法。图中的"表现技法"就是这套思路系统的中心关键词，并基于这个中心向外延伸、发散出成千上万的关节点，每个关节点都与中心紧密连接，而每一个关节点又可以成为另一个中心关键词，一层层往下细化，最终形成一个庞大、繁冗的三维放射性立体结构，成为逻辑清晰的数据库。

思路整理与思维导图

　　将颜色、质感与图像等更为丰富的元素应用在思维导图上，将创造更为细腻、生动的逻辑体系。点、线、面作为基础元素起到引导、区分的作用，再加入文字、颜色等元素，可以表现出一个体系庞大、分支繁冗的信息族群。

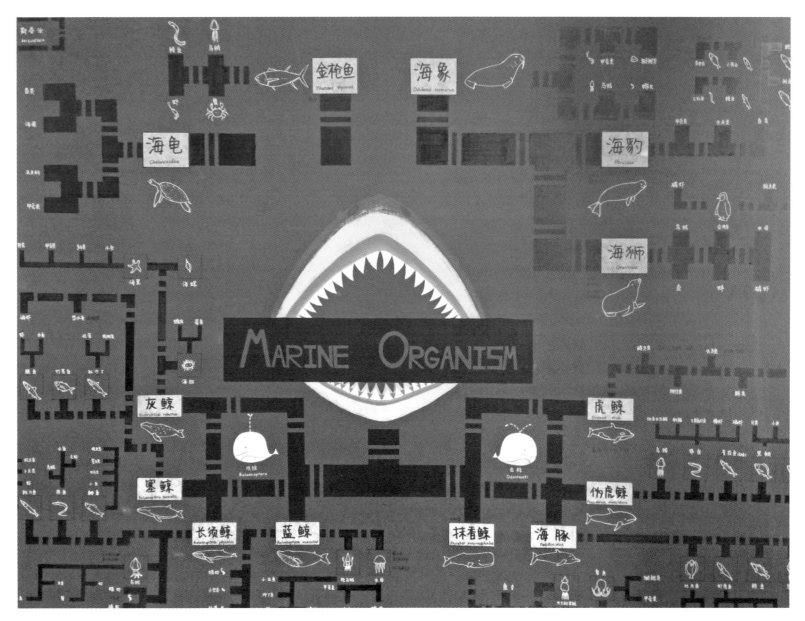

草图作用：文本的可视化

我们给定一段文字，是关于市场营销概念的讲解，在这个范例中，我们来体会一下手绘草图进行概念讲解时快速、便捷、清晰的优势。

是否想起开卷考试时，准备一页资料的场景？别一头扎进死记硬背的套路中，而是在理解的基础上利用可视化的草图提取关键词，用点、线、面颜色来直观科学地表现重点信息，一定可以让人轻易储存信息、分清主次并高效搜索。

市场营销（Marketing）又称为市场学、市场行销或行销学，简称"营销"，台湾常称作"行销"，是指个人或集体通过交易创造的产品或价值，以获得所需之物，实现双赢或多赢的过程。它包含两种含义：一种是作动词理解，指企业的具体活动或行为，这时称之为市场营销或市场经营；另一种是作名词理解，指研究企业的市场营销活动或行为的学科，称之为市场营销学、营销学或市场学等。

原文

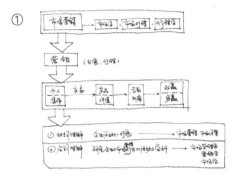

① 提取关键词　｜　包容关系
　图表化　　　｜　箭头导向

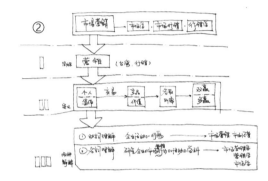

② 加入数字标识
　强调区分

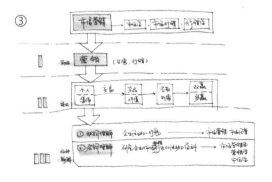

③ 强调主标题
　强调数字区分

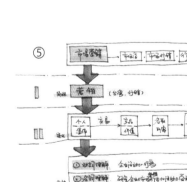

④ 强调副标题
　强调相关内容

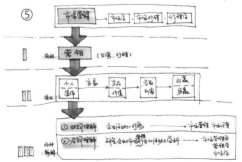

⑤ 其他内容增色

草图作用：设计构思的表现

　　通过小组的思维发散所衍生的设计构思同样可以以草图的方式来表现。类似于简单的故事板，将针对问题的解决方式分解为一步步的关键画面记录下来，抱着"用最少的笔触，最达意的表现"的觉悟来表现，以"准确"而不是"艺术"作为表现宗旨，就不会耗太多的时间在艺术化、逼真化的表现上面。

　　在初期的设计创作和草图发散中，我们可以按以下四个步骤进行：

1. 问题策略
2. 想法记录
3. 小组发散
4. 设计分析

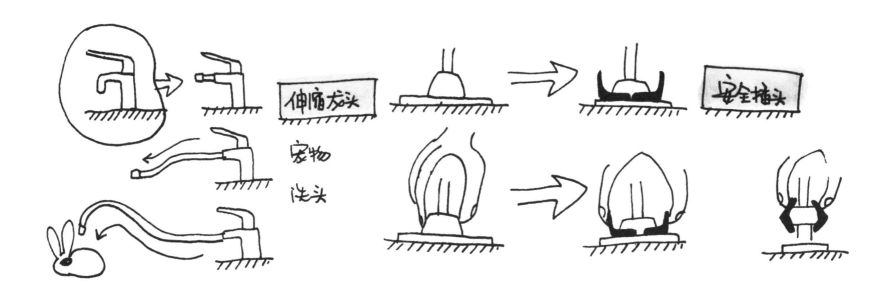

草图作用：设计构思的表现

　　无论是标牌里面的文字、箭头等视觉要素的排版给人带来的不同的信息接收准确程度，还是不同的设计给人带来的不同体验，都能通过可视化草图来记录直观、生动的"第一现场"的观感，并从中快速找出不同设计构思的差异性，为日后的定位作先期的设计基础。

　　下面左图表现的是在设计中，理性的功能因素和感性的形式因素之间的对比关系，从左到右，设计越来越个性化，而易用性与识别性则相应降低。

　　右图表现的是在指示牌的设计过程中，各种对齐方式与箭头朝向的表现，以分析其用户体验。

注：两个范例均源于国外设计范例。

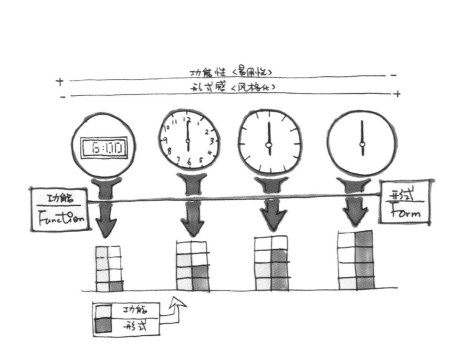

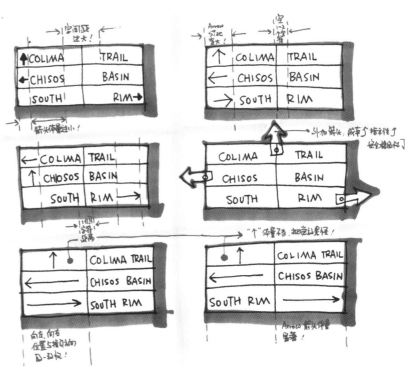

草图作用：结构的表现

在设计方案绘制过程中，有时需要分析或者设计产品的结构。结构本身较难用纯粹的文字来形容，所以其分解更适合用草图来构思设计与演示。

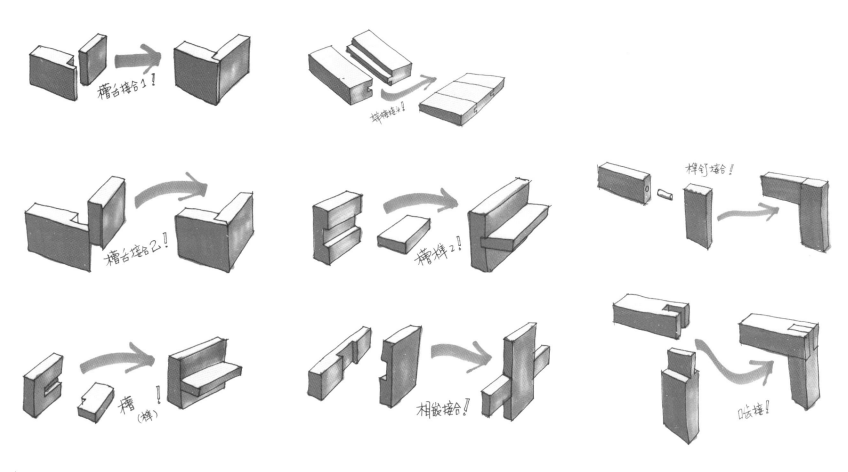

草图作用：形态的发散

在设计方案的发散过程中，草图可以进行各类可能的形态设计。记录下在同一思路引导下的各种形态发展的可能性。既方便记录，又能在记录好的草图基础上，快速进行比较，得出其他的形态改良方案。

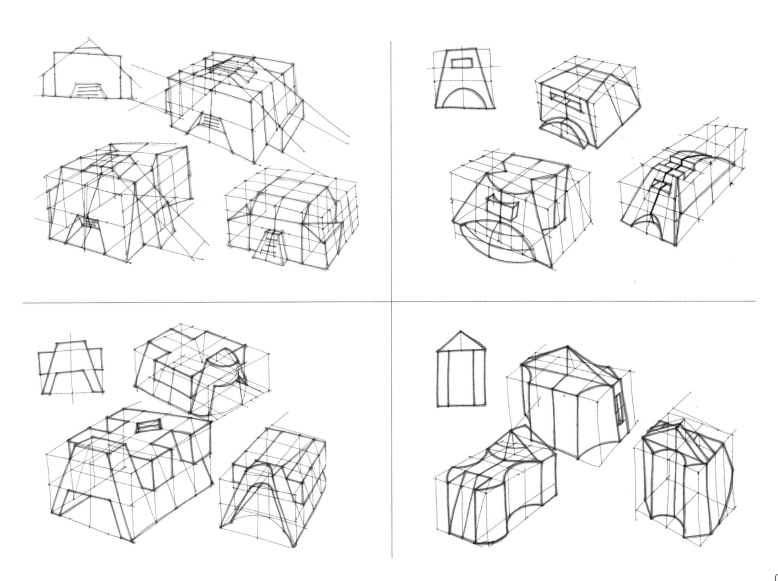

草图作用：概念的解释

在概念叙述时，可以利用草图来做视觉化的阐述与表现。在关于"约束"这个关键词的名词解释的草图表现中，利用虚线形状来限定每个要点的表现范围。用加粗的数字序号表现层次关系，不同文字、同一层级的副标题风格保持一致。草图制作中，注意两个关键点，一是抓住草图的重点，二是简化草图内容和层级：压缩字数、压缩空间、图像扁平化、合理区分。

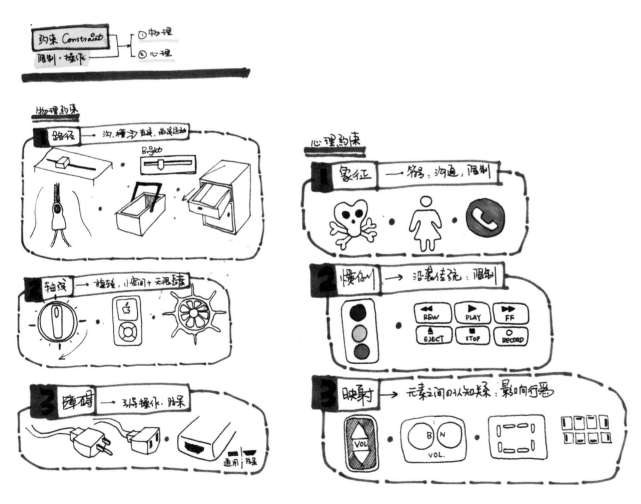

草图作用：视觉界面的设计

在界面设计中，也时常可以利用手绘表现界面的构思，在精准确认尺寸、位置、色彩搭配等细节要素之前，进行视觉引导、区域划分、重点突出基础要素等工作。对于这些工作，草图完全可以胜任。

注：下图源于国外设计范例。

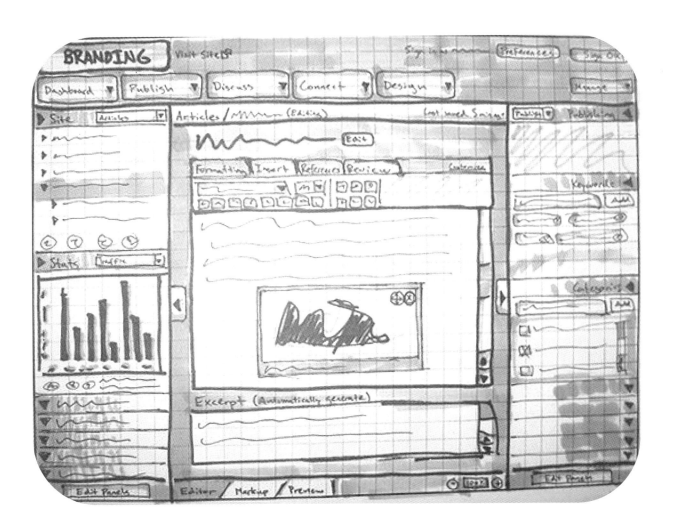

|卷二|

线条

卷二
线条

01 定位

线条的定位

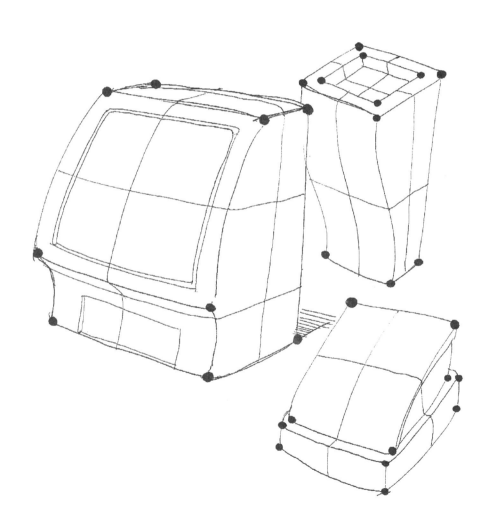

　　无论是画何种类型的草图，其表现的基础都是"定位的线条"。形态源自组织架构中的每一根线条，而线条需要明确起点、终点与形状。如果每一根线条的架构清晰、表现准确，则最终的"成品"一定与脑子里的构思自然匹配，无缝衔接。左图的黑色小圆点，就代表着线条的起点与终点，由此，我们可以感知：在训练中针对定位准确的线条作相应练习，是符合需求的一种技术途经。

线条的定位

    这里呈现的是最形而上的线条表现训练方式。在一张白纸上，分别自由设定任意位置的"点"。每个点都是其中几根线条的起点，同时又是另几根线条的终点。在点与点之间以直线连接，点的数量越多，则线条的数量也相应呈几何倍数增多。如下列四张步骤图所示，最后呈现的便是密密麻麻的"纹饰"效果。

    通过这种方式，我们希望达到两个效果：训练直线的快速绘制，进而训练定位准确（明确起点与终点）的直线的快速绘制。

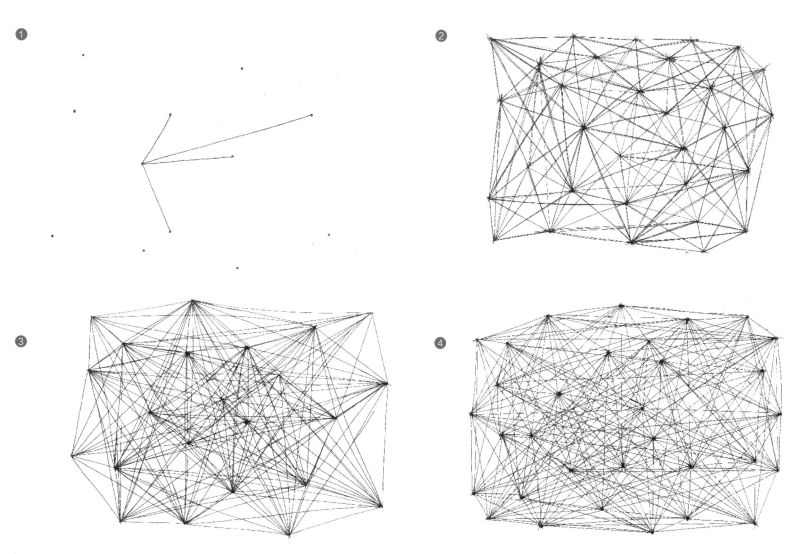

线条的定位

如果点在纸面上的位置具有某种规律，同时又限定线条的起点和终点位置，则我们可以表现出某种隐含有形式法则的、接近于装饰效果的抽象图样，如下面几张图所示。

线条的定位

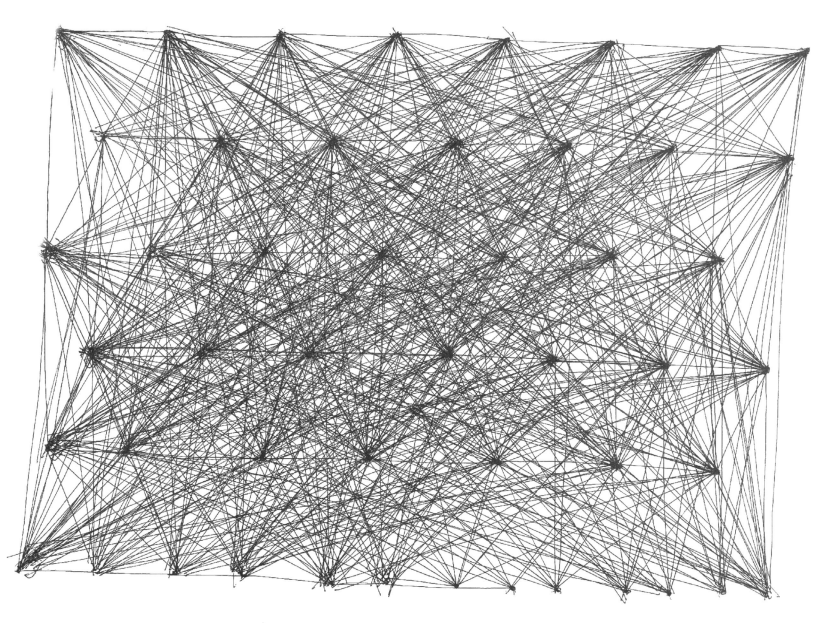

卷二
线条

02 纹饰

纹饰的铺陈

　　利用上述基于点的直线练习，进入下一个阶段，即不去刻意进行点位置的确认表现，摒弃点的绘制，而是直接绘制直线。根据脑子里构思出来的大致的纹饰效果，利用直线的方向、长短、位置等要素，来表现一定的形式法则，并进而形成装饰图像。

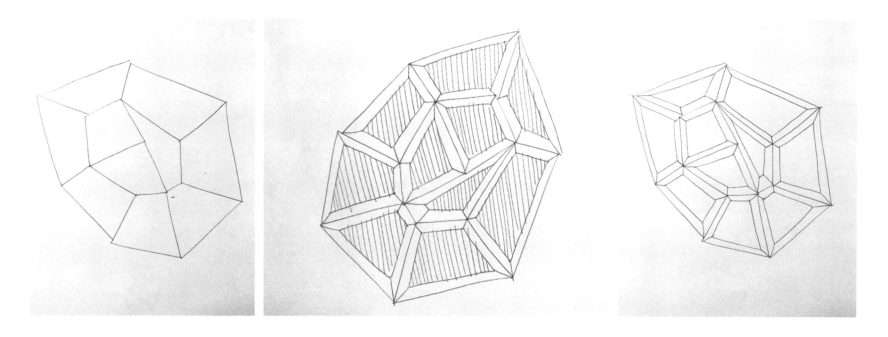

纹饰的铺陈

纹饰的铺陈

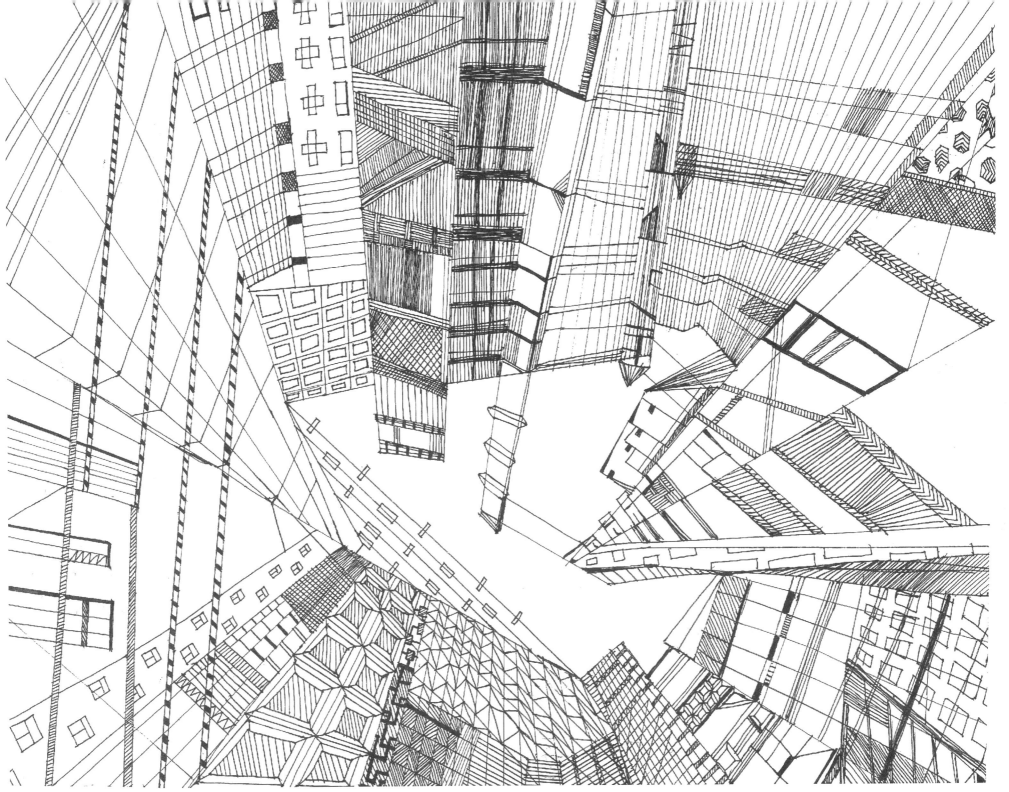

生物的抽象

　　如果再进一步，我们用"几何"的方式来刻画复杂的生物，那么会呈现什么效果？

　　我们将生物的形态特征梳理出来，将颜色、皮毛等次要特征删除，即可导出主要视觉特征。整体和重要部件的轮廓线，就是我们需要保留的主体元素。人们总是以毕加索抽象到只保留骨架的牛的线框图为例，来解释"高度抽象"的定义。本质上，我们也是在做"抽象"的工作，唯抽象程度不同，并且刻意以基础的几何要素来表现抽象的成果。

生物的抽象

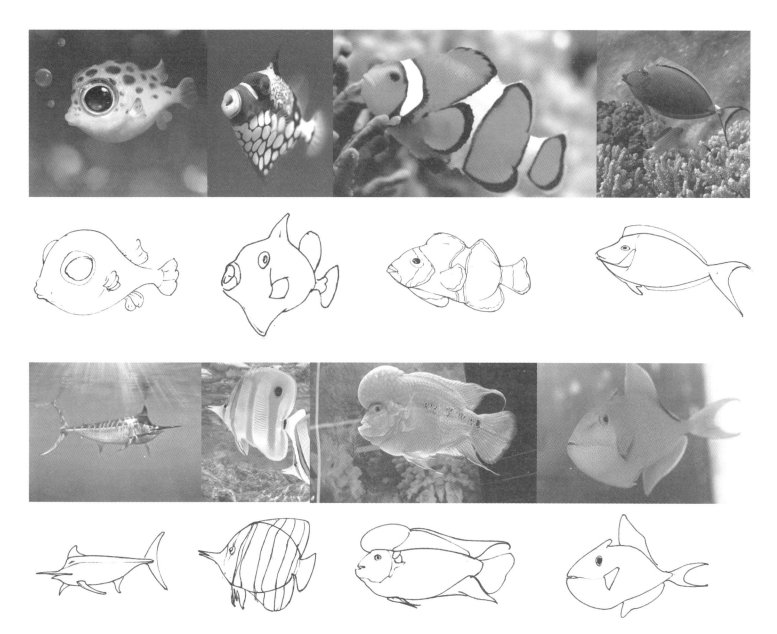

生物的抽象

　　此外，在进行该项训练时，我们还需要将有机的形态转换成以几何体的加减为形态特征的表现形式。这就需要更多的形态转换能力，换言之，这需要我们的脑洞大到可以将复杂的有机形态变成相应的几何形态。诸如人的脸部轮廓、表情、性格、习惯等因素的不同，都可以转换成不同的几何体及其加减之后的形态。几何体大小、方向、组合方式、消减方式等变化过程，可以塑造千人万面，妙趣横生。

生物的抽象

卷二
线条 | 04 | 辅助

从辅助点到辅助线

辅助点与辅助线对于对象表现时的透视准确程度非常需要。在表现训练的初期，辅助点与辅助线可以强制性地表现出网格，并基于数理秩序来定位。而在后期的草图绘制中，可以将已经训练基本成熟的透视观轻松地应用于形态的表现中，而不一定将其定位在 1/2、1/4、1/8等网格化体系中。这种训练方式，同之前的基于起点和终点的直线训练异曲同工。

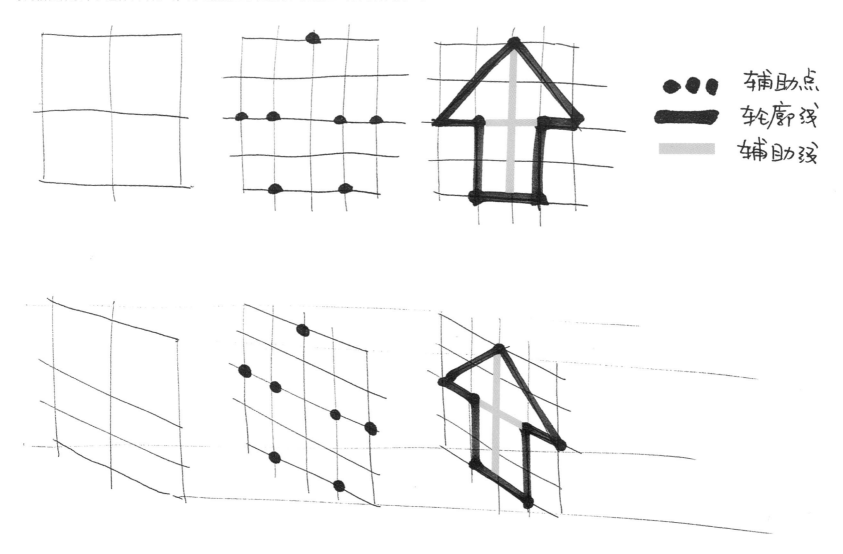

辅助点

轮廓线

辅助线

从辅助点到辅助线

　　以"箭头"作为一个对象来进行辅助点与辅助线的设置与表现。有时候，辅助线的概念就是表面结构线或构造线。如果没有"构造线"加入表现中，人们对于形态的解读可能会产生歧义。同样的一个形态，可以匹配不同的表面结构线，而衍生成不同的三维形态。所以，表面结构线对于形态的表现非常重要。下面两种形态，除非加入代表不同起伏蕴意的表面结构线，不然将使人产生一定的困惑。

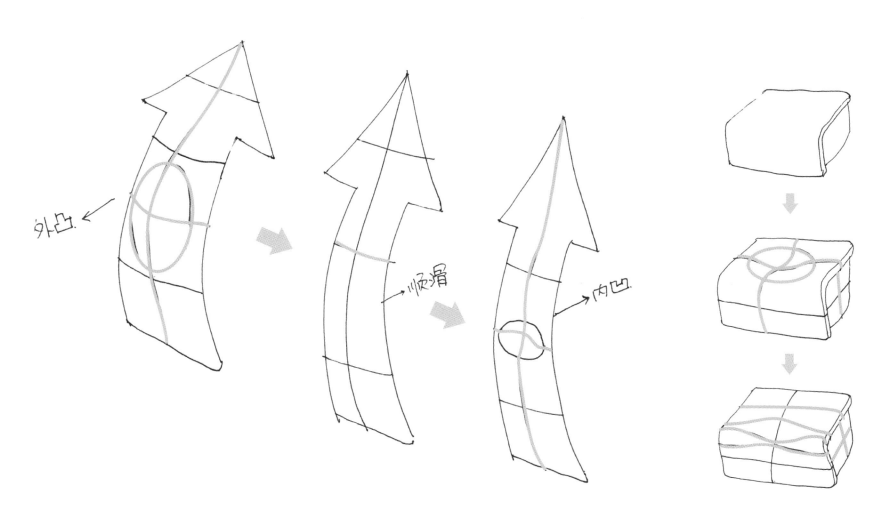

从辅助点到辅助线

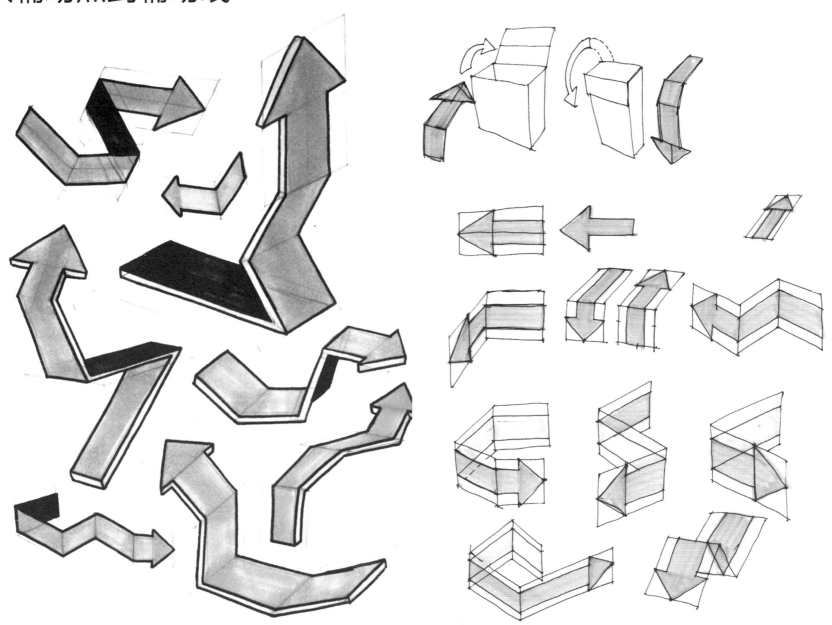

从辅助点到辅助线

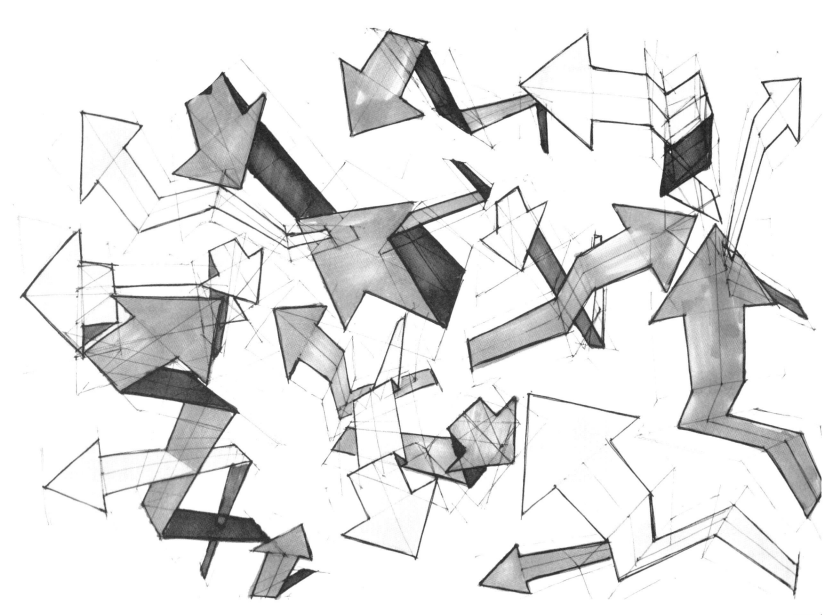

网格化

网格化

　　如果仔细观察，我们会发现所有产品的造型都是在一个基础的几何形态中不断进行加减而形成的。对于形态设计的初学者来说，对基本形态的改造能力尤为重要。为了让初学者能够更快设计与表现出好的形态，笔者推荐网格化的形式来进行形态设计的练习。

　　网格化设计就是在一个矩形或立方体内部绘制上边距相等的辅助直线，即表面结构线，来形成网格。然后基于结构线与结构线之间的交叉点，来约束造型时的线条走势，从而形成规范的、基于数理秩序的产品形态。

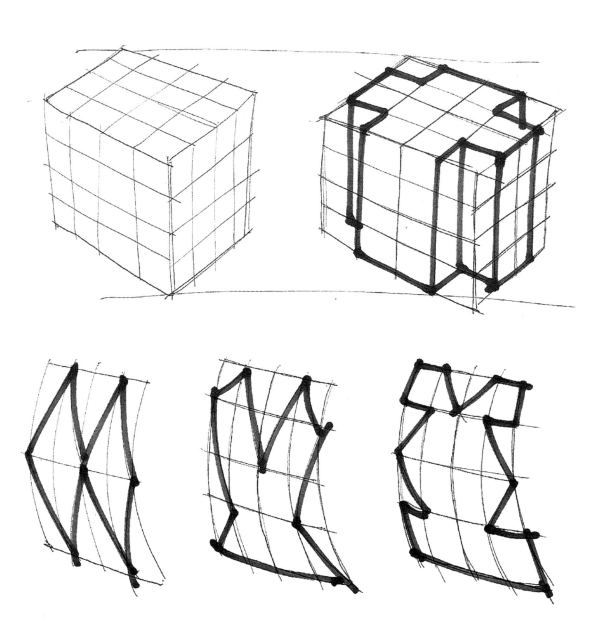

卷二
线条

05 三维

透视概念和透视训练方法

　　以日常产品为训练对象，我们可以先简化其形态，使其抽象成为直线和平面的组合。将产品抽象成各类矩形体和面片的不同部件，在同一坐标轴内进行位置对应，我们可以借此来训练透视的准确程度，并结合形态的分析、抽象来训练表现能力。

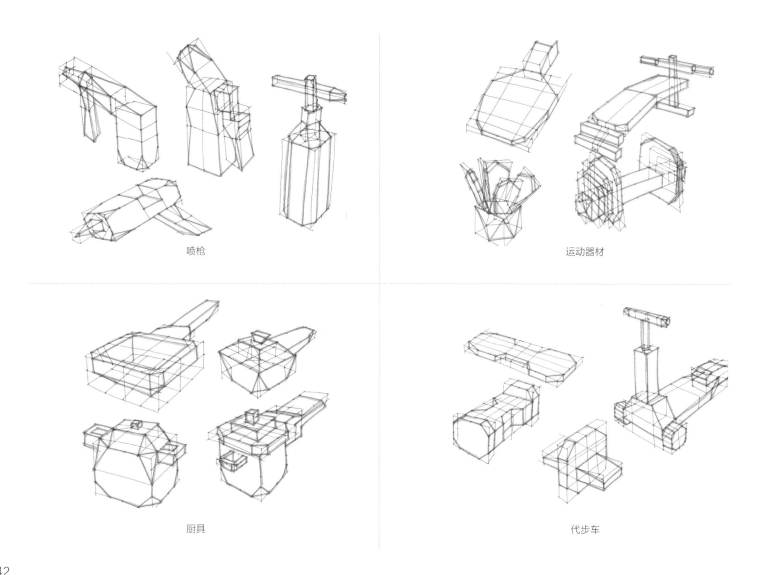

喷枪　　　　　　　　　　　　　　　　　　　　　　运动器材

厨具　　　　　　　　　　　　　　　　　　　　　　代步车

透视概念和透视训练方法

"透视"是一种绘画活动中的观察方法和研究视觉画面空间的专业术语，通过这种方法可以归纳出视觉空间的变化规律。用笔准确地将三度空间的景物描绘到二度空间的平面上，这个过程就是透视。用这种方法可以在平面上得到相对稳定的立体特征的画面空间，这就是"透视图"。透视画法以现实客观的观察方式，在二维的平面上利用线和面趋向会合的视错觉原理来刻画三维物体。事实上，上述所有的训练方式，其实都可以视为透视的训练方法，都是基于准确的透视完成的。

一点透视　　　　　　　　　　两点透视　　　　　　　　　　三点透视

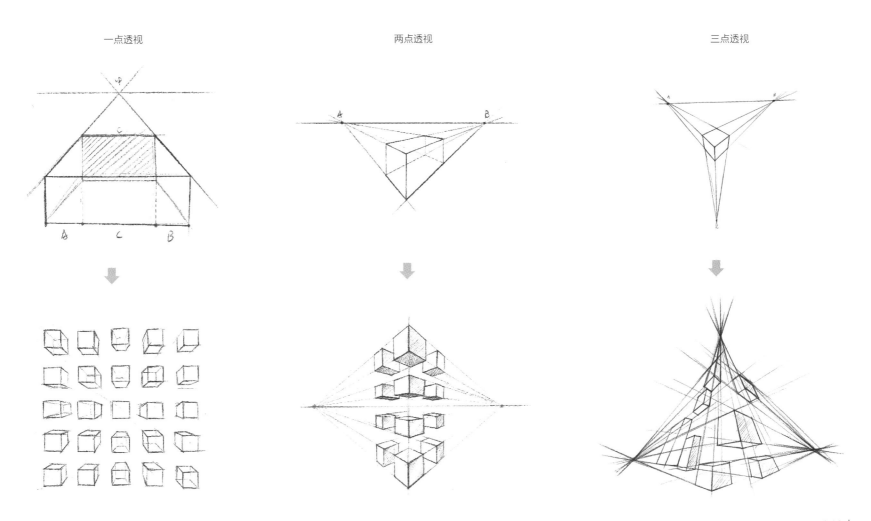

|卷三|

形态

卷三
形态 | 01 | 基础

形状的基础表现

　　简单地说，与形态相比，形状就是二维平面上的轮廓线。同样一种形状，可以衍生出丰富的三维形态。这些三维形态，在一定的视角下，可以共用同一个形状。学习机械制图之后，我们可以借由形状与形态之间的共性来进行形态表现的训练。

　　下图中，我们可以看到基于正方形及其网格所塑造的各种形状。但同时，相对应的，将这些正方形做扭曲形成曲面之后，同样也可以基于扭曲的网格来表现扭曲变形后的形状。这种训练手法一来可以培养我们的空间想象能力，二来也能利用比较，获得准确的以网格为基础的辅助点与辅助线，并进而得出透视准确的扭曲后的形状。

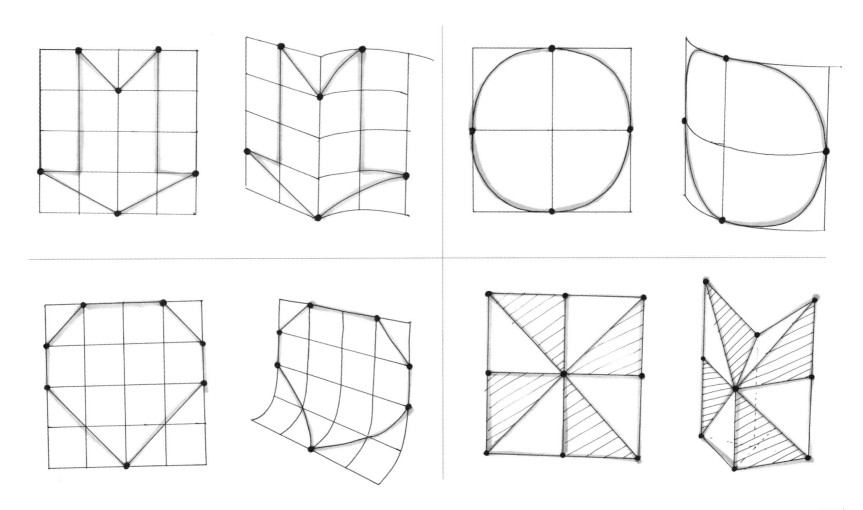

形状的基础表现

在正方形内赋予网格，任意塑造各种有秩序的形状。同时将正方形进行角度的转换或扭曲，再重新基于网格来做对应的形状，进行笔触与手感的训练，以及透视的训练。

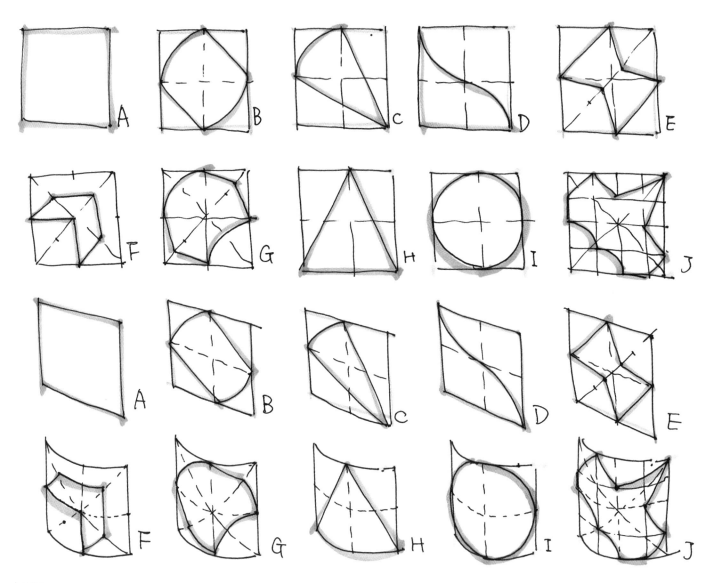

基本形态的训练方法

训练方法一：同一正视图，不同侧视图
训练方法二：同一顶视图，不同侧视图

同一正视图，不同侧视图来塑造有区别的三维形态

同一顶视图，不同侧视图来塑造有区别的三维形态

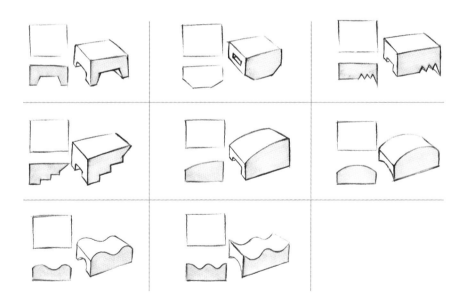

形态的分析

　　体块是产品形态中最常见的构成因子。将面沿着某条轨迹移动即可形成体块。在三维空间中，体具备长、宽、高三个维度上的数值，并占据空间中的一定体量。由于立体的形态是实体占据的空间，所以从任何角度都可通过视觉和触觉来感知它的客观存在。体的主要特性是体积感和重量感的综合表现。产品形态基本上都是以体的视觉特征出现，有的是实体，有的则是由若干面封闭或部分封闭而成的体。

　　纵观周边的产品，我们可以轻松撷取多种以几何体为基础造型的产品形态。这些体块可以理解为是由面片拼接包裹而成的空心体块，包裹内部零配件和机构以美化外观。

　　如下图所示，最左边的产品雏形，可以假想是由最右边的矩形体一步步衍生变化而来。变化的主要手段就是减法与加法，用减法逐步蚕食最原始的矩形体之后，再综合应用加法和减法给主体增加形态细节。所以，当我们在设计初期利用表现工具来表现形态时，相对于计算机而言，手绘的方式有利于快速散发出无数的加减方式，以及相应的形态方案。

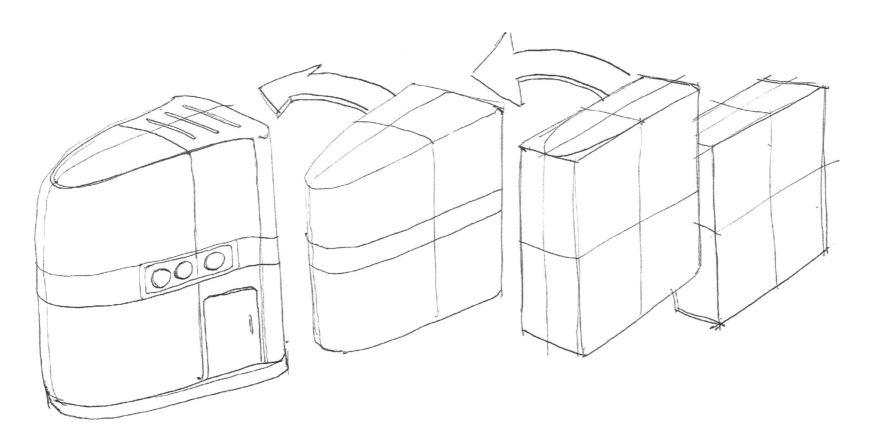

形态的分析
直棱体

　　由直线和平面所构成的体块，就是直棱体。直棱体主要包括立方体、矩形体、棱锥、棱柱等基本形态。当然，这些直棱体的面与面的接合处，通常都会进行倒角，而不会有几何意义上的完全尖锐的分明棱角出现。

　　直棱体在产品形态构思中被广泛采用，其原因主要在于其形态构成更适于装配。环顾四周产品，大多数几乎都是以直棱体为基础来进行形态设计的。尤其是以各种矩形体为原型结合各种加减手法的构成，再辅以细节，即可构成当下大多数电子产品的形态。按这种方式，哪怕是浑然一体的产品形态，其最初的来源，也可追溯到一个几何意义上的方方正正的矩形体。如图所示，同样一个矩形体，我们可以按照形态加减的手法来演绎，"形而上"地一步步逼至最后的形态。

形态的分析
直棱体的基本训练方法一

1 第一种方式，基于网格，即对矩形体进行表面辅助线的分割，将其有序等
分成若干单元体之后，再进行切割，这种方式有助于养成注重比例尺度、
有序加减塑形的设计习惯。

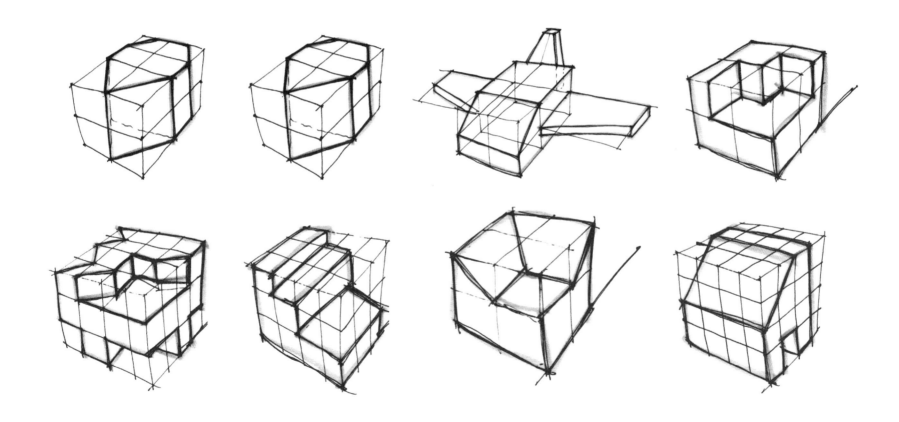

形态的分析
直棱体的基本训练方法二

2 第二种方式，撷取现实生活中的产品，将其想象并转化为由直线和平面所构成的形态，并加以表现训练。我们称之为日常产品的直棱化，或者直线平面化。

形态的分析
直棱体的基本训练方法二

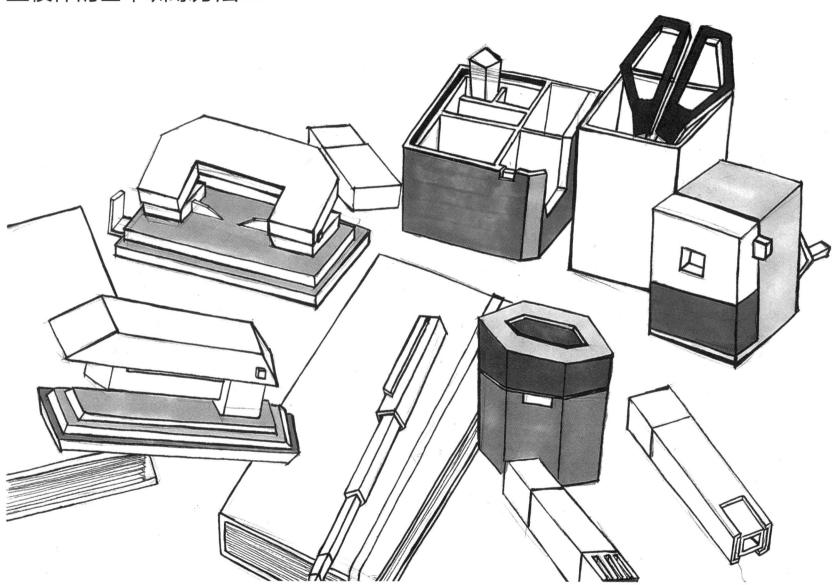

形态的分析
直棱体的基本训练方法二

形态的分析
直棱体的基本训练方法三

3 第三种方式，是以天马行空的方式自由加减，只需要注意透视的基本准确性，就可以塑造出千奇百态的形态，可以衍生出类似产品的形态，也可以诞生出诡异的造型。在这个阶段，我们进行的训练可以有意识地将笔下的造型往现实中常见产品的造型靠拢。

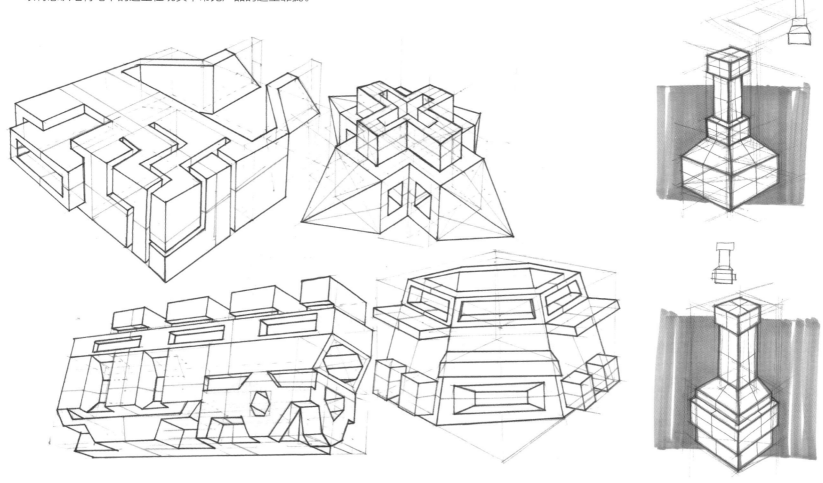

形态的分析
曲面体

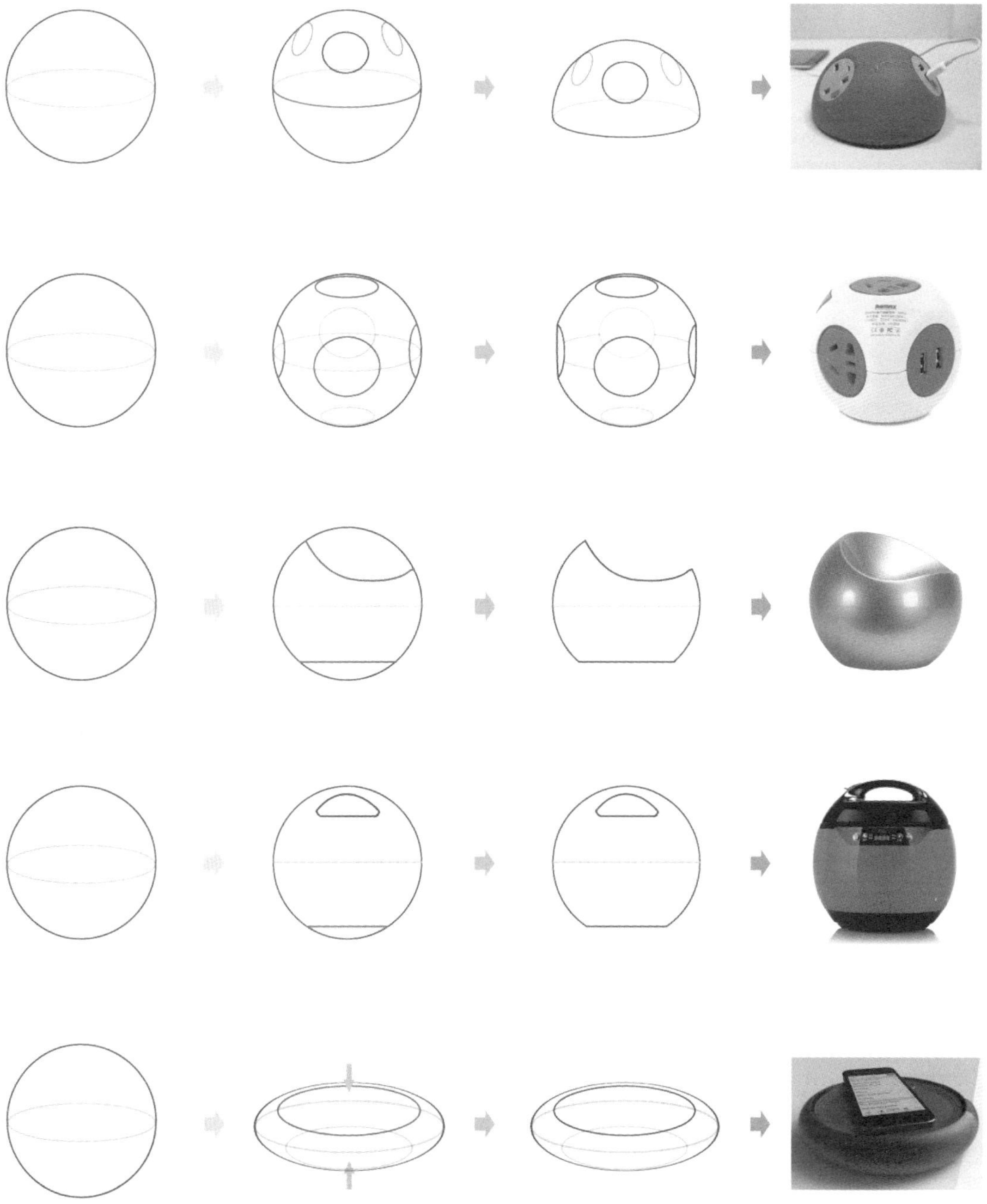

曲面体更具变化性与灵动性，并给人以时刻处于动态变化中的感觉。譬如，圆锥容易将人的注意力引导到中心点；球体用最少的表面包围了最多的体积，具有经济性；不规则曲面则蜿蜒曲折，处处彰显活力。

曲面体是指主要由曲线和曲面所塑造成的形体，包括规则的球体、椭圆体、圆柱、圆台、圆锥、不规则曲面体等。如图所示，许多产品形态都可以通过一系列的构成步骤，由球体经过加减，演绎成各类以球体为基础的形态构成。

形态的分析
曲面体：球体

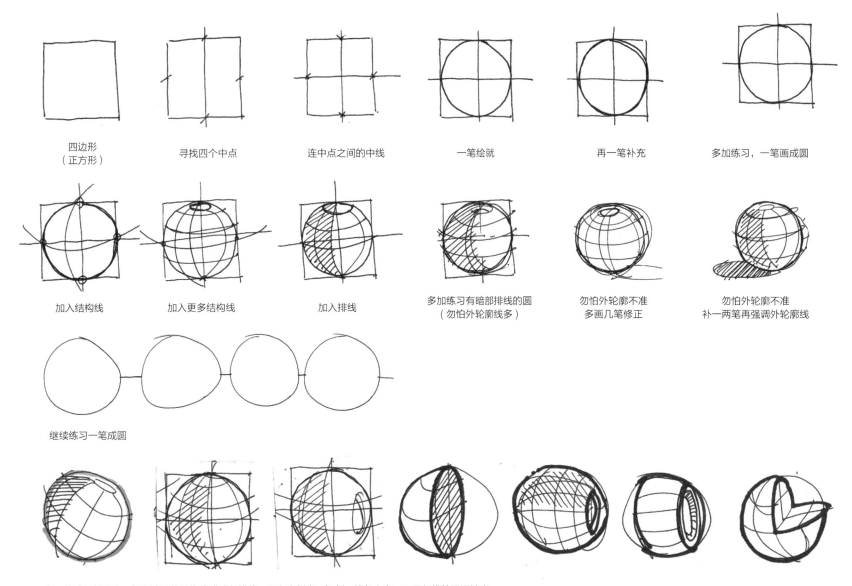

四边形
（正方形）　　　寻找四个中点　　　连中点之间的中线　　　一笔绘就　　　再一笔补充　　　多加练习，一笔画成圆

加入结构线　　　加入更多结构线　　　加入排线　　　多加练习有暗部排线的圆
（勿怕外轮廓线多）　　　勿怕外轮廓不准
多画几笔修正　　　勿怕外轮廓不准
补一两笔再强调外轮廓线

继续练习一笔成圆

在一笔成圆基础上，加入速写的结构线或暗部排线，再自由剖半、切割。线条太多，可用勾线笔强调轮廓

形态的分析
曲面体：球体

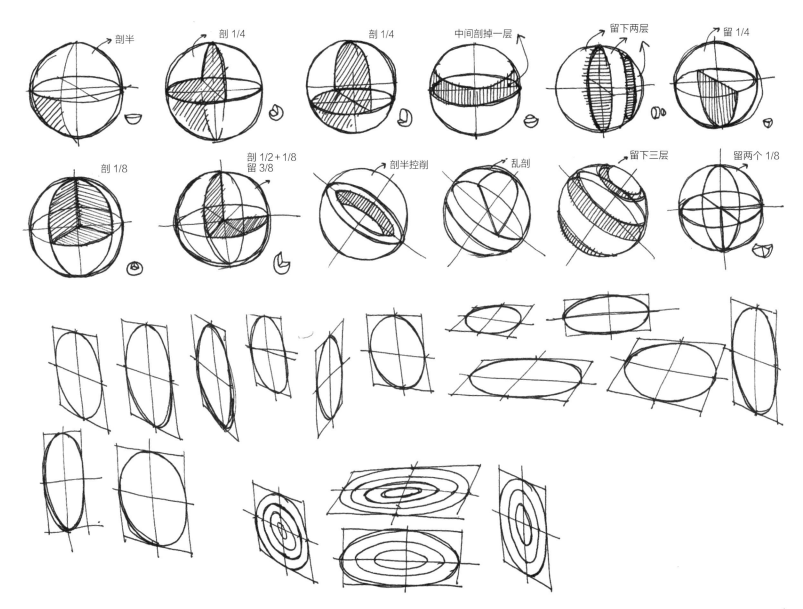

形态的分析
曲面体：规则曲面体

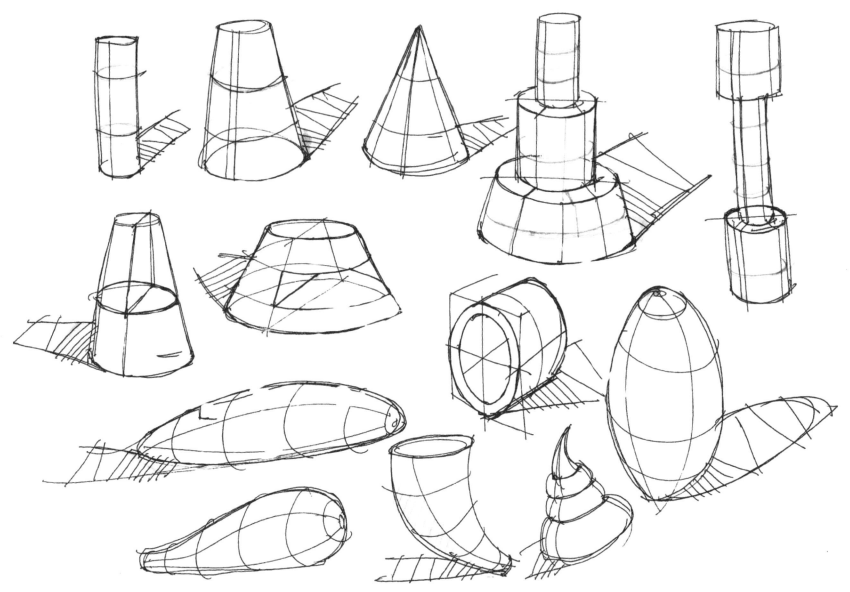

形态的分析
曲面体：流线体

形态的分析
曲面体的加减训练

　　基于规则与不规则曲面体的形态构成，同样可以通过加减过渡等方式，演变成各类产品形态的雏形。在训练时，可以有意识地结合对周边曲面类主体产品的记忆来表现加减之后设计出来的形态，也可以结合生物的特色来塑造形态，当然也可以无意识地"走一步是一步"，不带有设计意识，只是纯粹地针对曲面形态进行细节增加与部件消减，来挖掘无穷无尽的可能的新形态。

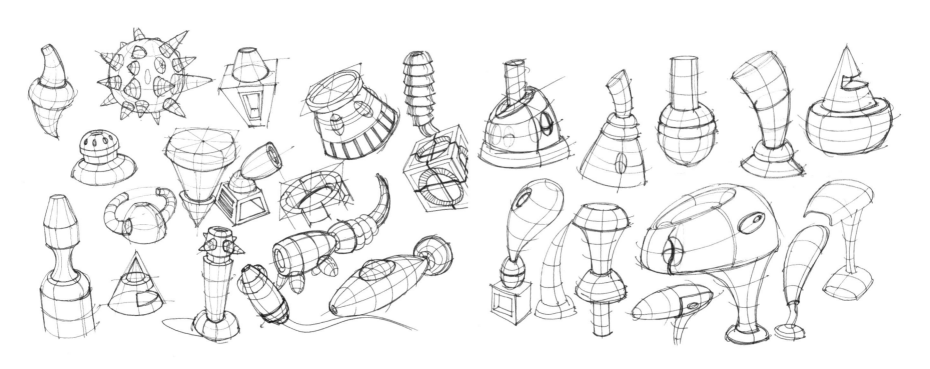

啮合

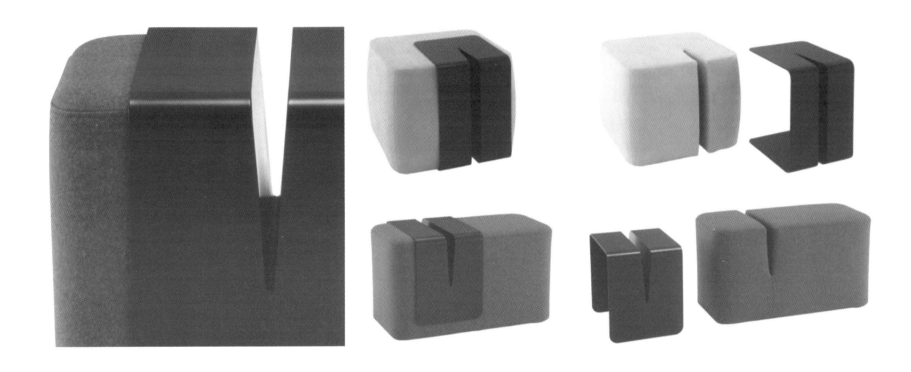

  不同的形态之间具有可以啮合的接触界面，是一种特定的数学形式，可分可合，我们称之为"形态契合"。类似于插头与插座交互的凹凸形式，就是一种最明显的啮合情境。

  一般而言，在形态与结构两个层面，啮合的设置非常常见。最典型的就是榫卯工艺，通过组件之间的阴阳啮合来完成组件的巧妙结合。榫卯结构是基于构造的构成方式，所以这里的啮合是有其功能效应的。啮合双方独立的形态形成完整的统一体后，可以达到扩大功能价值、节约材料与空间的目的。

  尝试在生活中寻找各种有关啮合的产品，不一定要完整地临摹，而是可以针对啮合的方式来作记录与速写。可以在草稿上针对啮合细节进行涂鸦。久而久之，也会养成注重细节表现的习惯。

啮合

　　寻找现实生活中的具备啮合特色的形态，加以记忆与表现。理想的情况是，自己脑子里存储有各种日常的啮合方式与结构，并能随时快速表现，用在各类可能的产品设计构思中。在训练时，既针对啮合细节表现细节图，也可以在细节图表现完毕后，进行整体产品的组合与拆分。所谓举一反三，针对一个产品，进行不同使用状态、不同细节形态的训练，将有助于养成全面窥视产品与关注细节形态的设计习惯。

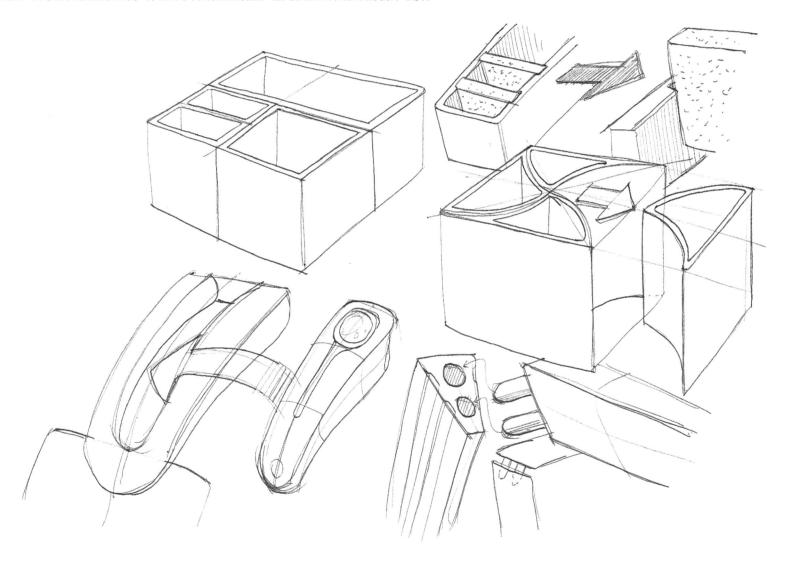

变形

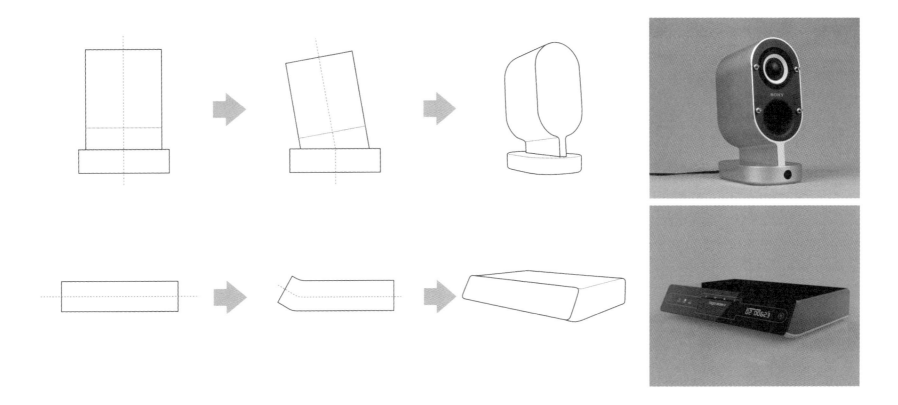

产品形态除了通过加法和减法进行构成外，还可以运用其他方式进行变形，从而为产品形态增加更多可塑性与活力。

一般的产品形态在整体或部分上具有自己的轴线，轴线引导形态的发展趋势，对产品形态的塑造起着重要的作用。适当变化形态的轴线，可以使产品形态在整体或部分上产生变化，为产品注入新的形态特征。

图中上方的扬声器产品，改变其主体的中心轴线，可以使音响的出声面略微上扬，从而更好地适应使用的人机关系，使产品在使用时得到更好的音响效果；而下方的电子产品，通过变轴，使得操作的屏幕上扬一定角度，也同样出于人机的考虑。

变形

　　另一种兼具表现与形态设计技能的训练方式是利用同一款基材，通过各种加工方式来形成不同的形态，并尽可能多地表现出各种成形的可能性。譬如，针对一张板材来做变形，弯折、折叠、剪裁……想象用手将其对折、多折、弯折、剪裁，表现其折叠后的形态。在产品设计中，这种形变的手段也多见诸基于板材的形态设计。

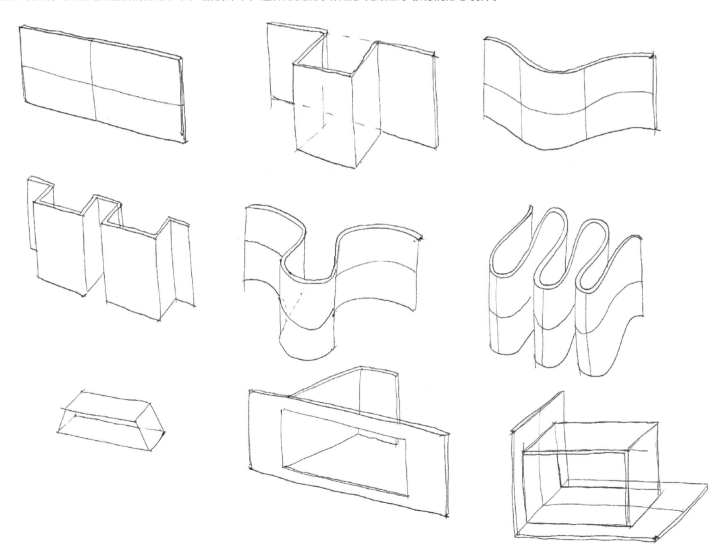

变形

　　针对类似于船头的形态作各种变形，自由增加细节，或者进行整体形态的收缩、牵引或拉长，用线条来勾勒无限发展的各种可能形态，也是锻炼空间认知能力与表现能力的训练方法。

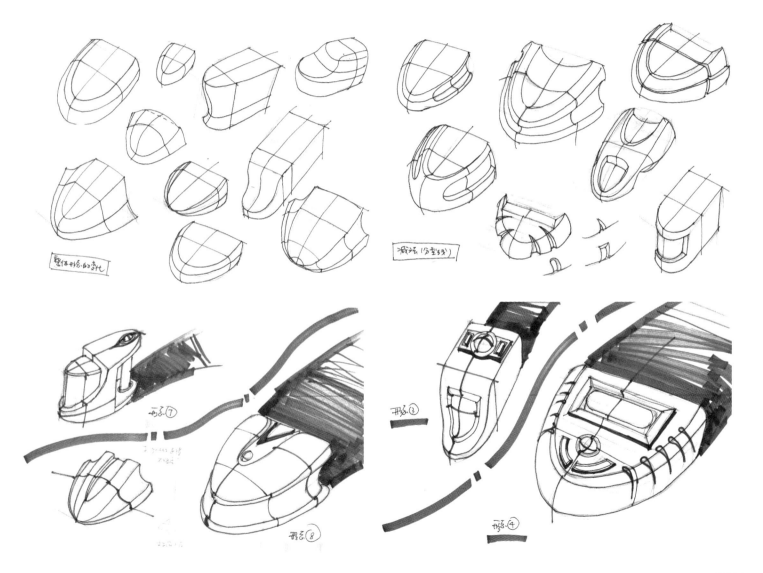

变形

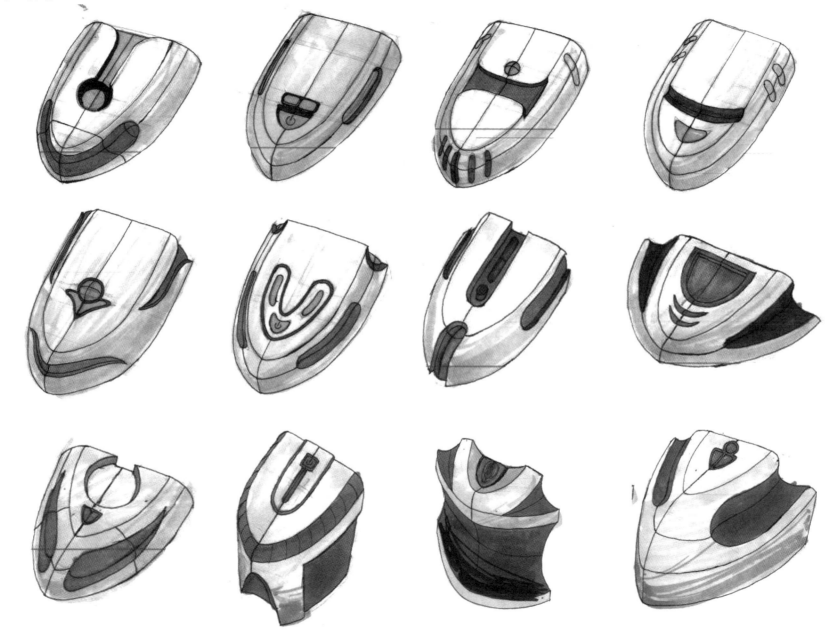

卷三 形态 | 02 | 加法

形态的加法

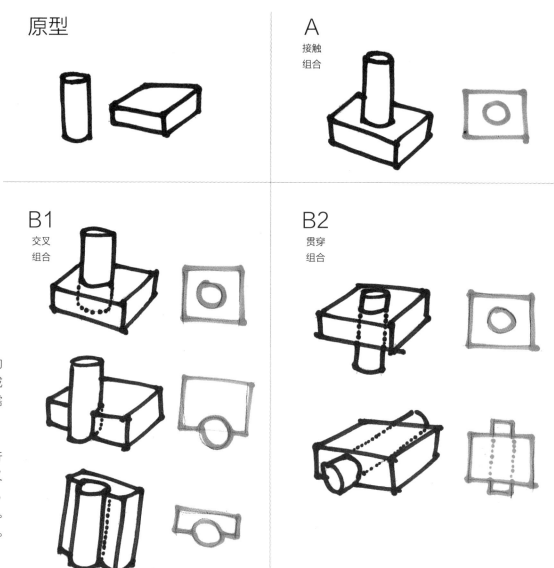

几何抽象形态之间存在多种构成关系，其中由两个及以上的形态进行组合形成整体的构成方式，我们称之为形态的加法，或形态的组合。应用加法来进行形态设计的前提，便是这件产品需要有数量不少于两件的形态组件。

不同的几何形态具有各自的几何特征，通过形态的加法进行新形态关系的确认，既拥有一部分原本形态各自的几何特征，又能通过组合形成一些新的形态细节。形态的加法有许多种方式，而不同方式的综合应用，又可以交叉感染，滋生出无限的新形态。在形态构成中，基本的加法类型主要包含接触组合与交叉组合。右图为主要的几种加法途径：接触组合、交叉组合与贯穿组合。

形态的加法
加法的训练方法

还记得之前训练过的"基于日常产品的直线和平面化"的练习吗？这同样适用于进行加法设计的形态表现。寻找日常产品，简化为直线和平面以及各种直棱体的组合与堆叠，可借之分析和理解加法在产品设计中的作用。这好比足球训练中的有球练习，将体能与球技结合。我们也希望能将形态的设计与表现技法相结合，来互济共长。

形态的加法
加法的训练方法

　　假想有一根圆柱，一个矩形体，我们做一个训练，对这两个对象作各种可能的变形，并利用加法将两者形态结合到一起。我们可以利用生活中的摇杆、游戏键盘、驾驶器等形态，来进行形态的构思与表现。同样，我们可以自由选择任意两种基础几何形态，来做类似的相关练习。

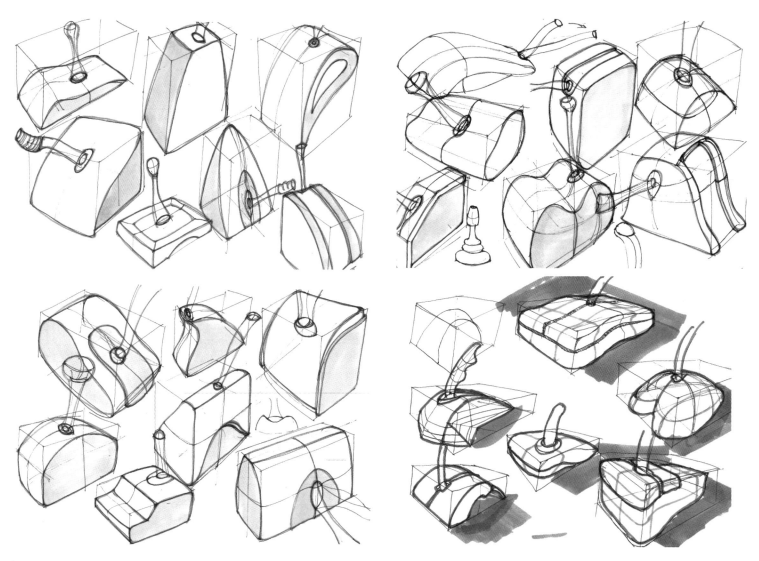

形态的加法
加法的训练方法

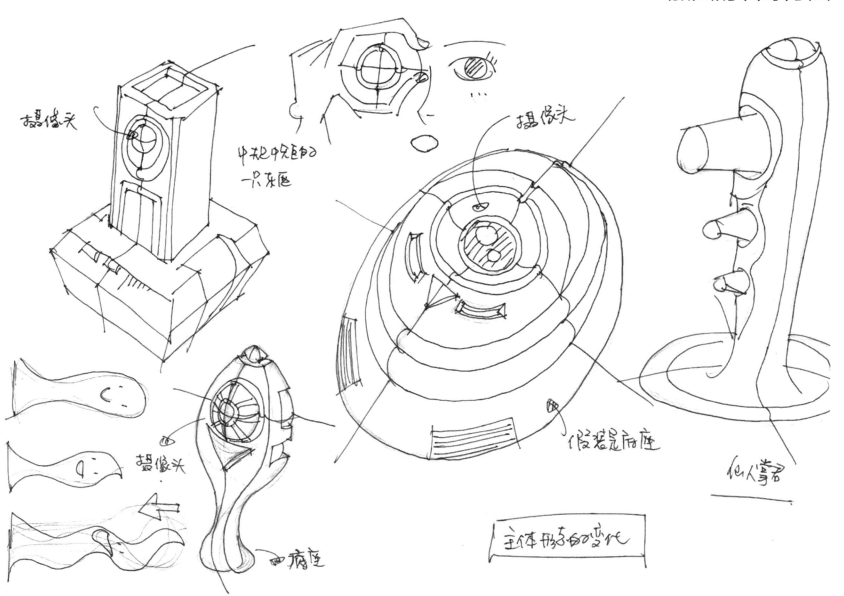

摄像头

中枢中兔的
一只老鼠

摄像头

假装灵柩座

他人掌召

摄像头

四痒庭

主体形态的变化

形态的加法
加法的训练方法

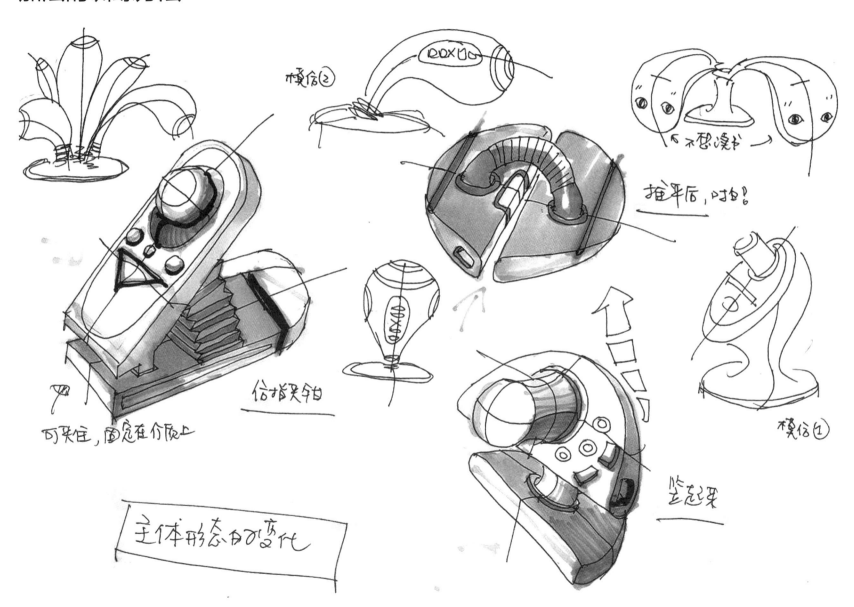

卷三
形态 | **03** | 减法

形态的减法

　　产品形态的减法具有很多种方式，相同形态通过各种剪切方式，可以形成具有各自风格特点的新形态。图中的几款产品形态都由矩形体剪切而来，这些产品的形态都保持原本长方体的形态特性，同时又通过不同方式的剪切形成丰富的多样性，有刚直的斜角也有圆润的倒角，有棱角分明的造型也有柔和平滑的过渡。简单的长方体通过形态减法，可以表现出无限可能的形态特性。

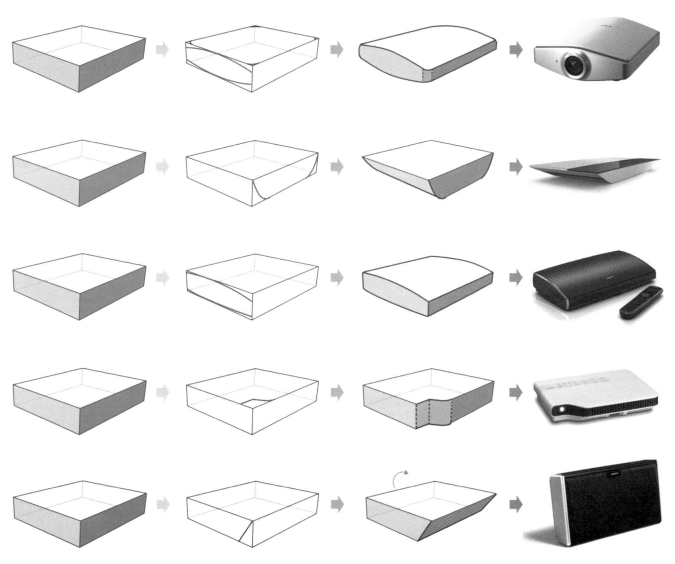

形态的减法

产品形态的减法在剪切方式上并没有大的区别，要对产品形态的减法进行分类，则需要从剪切的目的来考虑。在对产品形态进行塑造的过程中，对其做减法具有很明显的目的性。

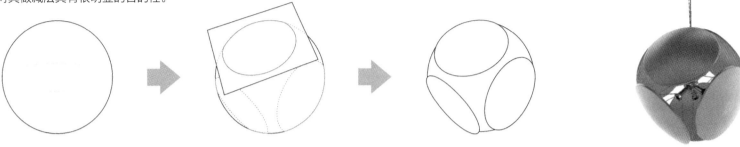

产品形态通过剪切，可以形成产品的功能区或功能结构。上图中的音响产品，原本单纯的球体形态通过减法，使形态发生变化，单一的弧面被剪切之后，增添了平面元素，在保留部分弧面的基础上，使产品形态更多元;剪切后同时产生了多个功能面作为音响的出声口，提高产品的出声效果。

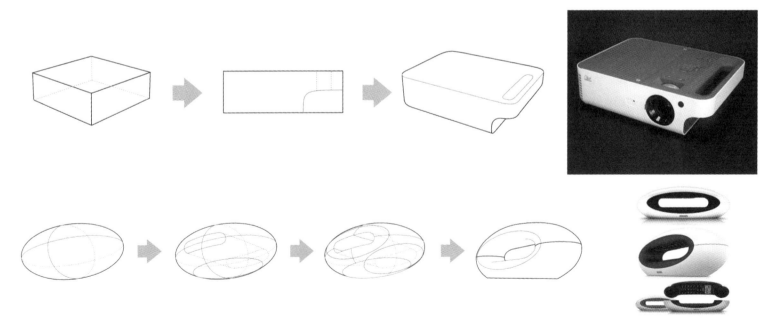

上图中的投影仪和电话机，通过基本形态的剪切，形成了用于提拉投影仪的把手结构和拿握电话机的空间。除了以上功能，剪切还可以形成产品的显示区域、指示说明区域等。这些都代表着减法应用在设计中的理由，并非永远只是出于好看和美观的作用。在进行减法构成的表现训练时，将所减成的不同风格的产品形态放在一张纸上比较，来区分各自的优劣，分析各自的人机。

形态的减法

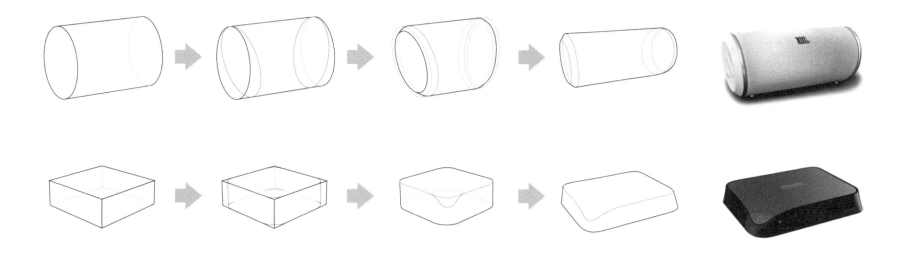

　　剪切产品的形态，可以形成产品操作使用的界面。这样的产品形态减法，除了可以提供一个相对独立平整的操作界面外，在使用上还具有一定操作语意。如图所示的两款产品，分别由圆柱体和长方体剪切得到，形态的减法给产品形成了放置按钮、触屏的空间，一定程度上也在暗示使用者如何操作使用。

形态的减法

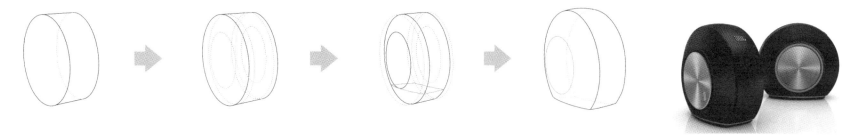

　　产品形态的剪切，还有一个更简单直接的目的，就是形成支撑面，增大和地面或桌面的接触面积来提高稳定性，更宜于安放。这款音响产品，原本的基础形态是放倒的圆柱体，圆滑的曲面会导致产品无法安放在平面上，因此这样的剪切使产品产生了很好的支撑面，用于安放产品。

　　此款产品的基本形态是长方体，并非没有支撑面，这样剪切的目的是转移支撑面，从而实现产品形态的转变，体现更多的动感趋势。这样的剪切使产品形态发生转动，以倾斜的状态放置在平面上，使原本简单的产品形态富有动感和变化。

减法的基本训练

继续沿用之前的网格化立方体的减法训练，结合辅助点与辅助线，来进行剪切之后的各种形态构成的表现训练。练习到后期，当手感熟练之后，可以减少辅助点与辅助线，顺畅自如地表现出立方体应用加减之后的无限形态。注意，当线条数量过多时，可选择不同颜色的马克笔，来进行轮廓线与表面结构线的强化与加重。

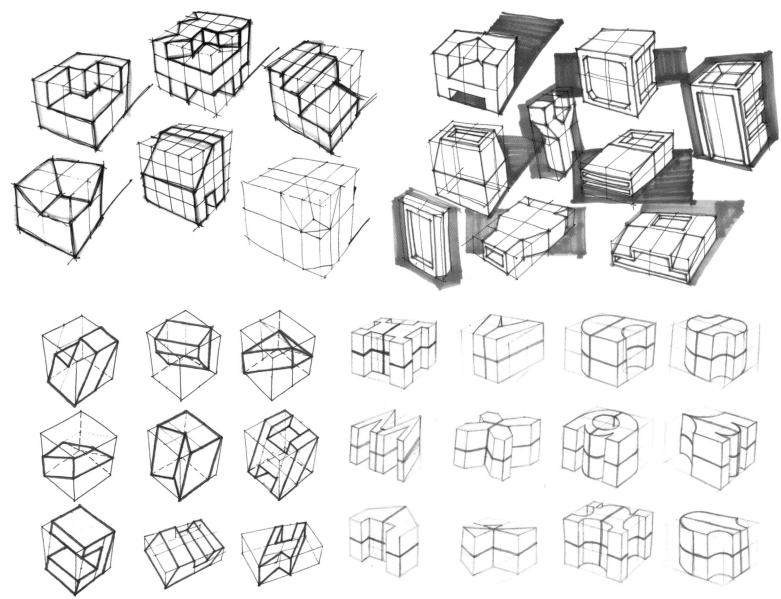

减法的基本训练

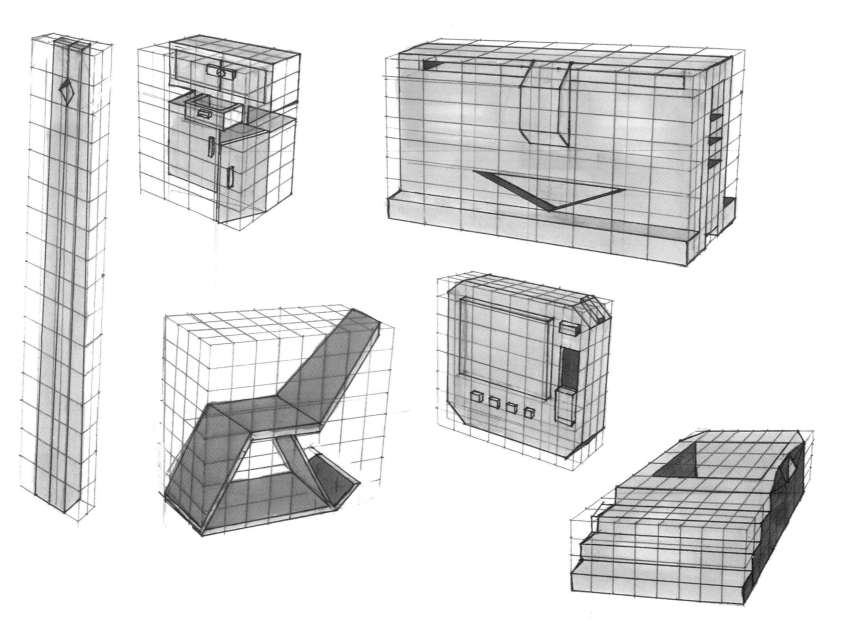

减法的基本训练

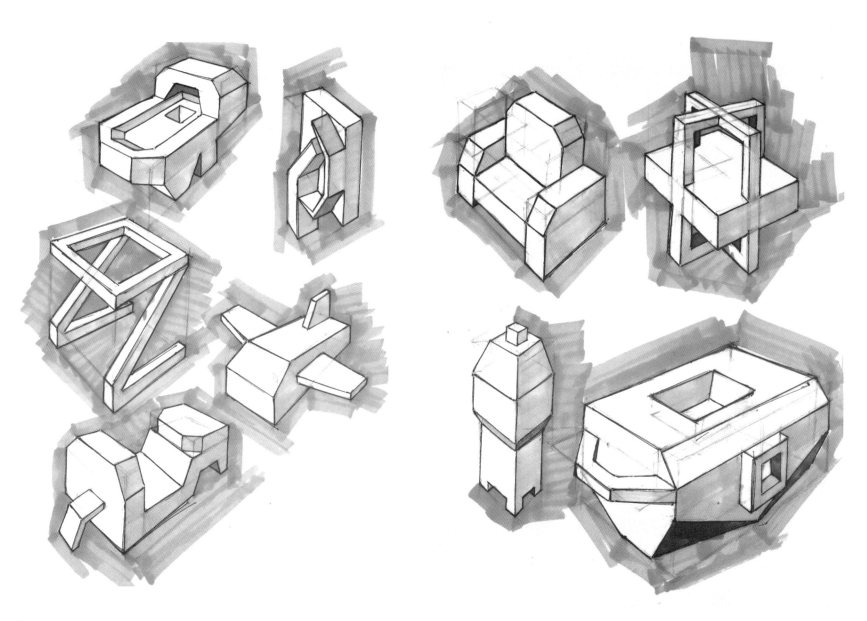

减法的基本训练

　　指定一个带有盖子的矩形体，可以开盖。再针对这个矩形进行减法构成的应用，尝试对整体形态与前端开盖方式作不同形态的设计，暂时不顾及尺度、比例与具体材料工艺，自然可以得出无限可能的形态。

减法的基本训练

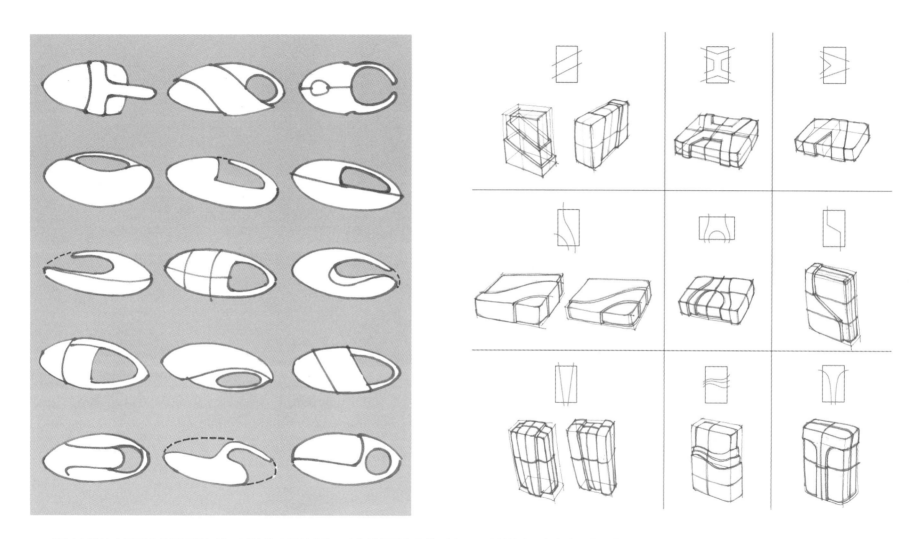

　　通过上述的产品形态分析可以知道，减法的应用并非为了去塑造怪异复杂的形态，而是以简洁、有序的形态，来承担一定的视觉引导功能，譬如通过减法塑造的机能面，将人可能操作的各类按键集成于其中，可以起到凸显控制区域的作用，吸引用户目光聚焦。

　　如果有一个矩形体，在固定的顶视角度对其进行切割，切割线可以不止一条，有直有曲，我们可以塑造出几种三维形态？如右图所示，每一格里面上方都有一个固定尺寸的矩形，在矩形之上有红色的切割线，发挥想象，细化切割方式，我们就能塑造出同种数量与形状的切割线，以及切割之后的多种形态。再如左图所示，是采用各种线条来切割椭圆，并形成各种不同的手持部位的细节形态。

减法的基本训练

通过对一个矩形体加入切割线，构思切割好之后的形态为面片与实体体块的结合，来进行表现训练。

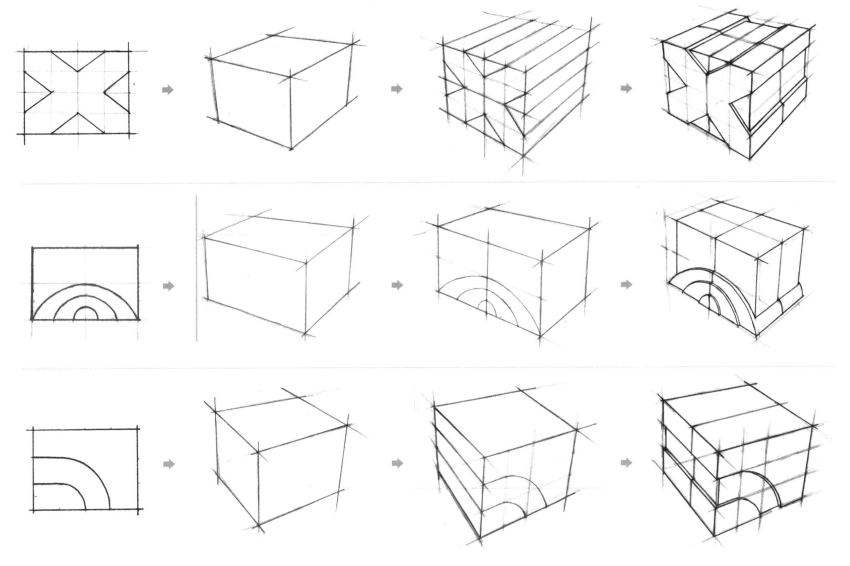

减法的基本训练

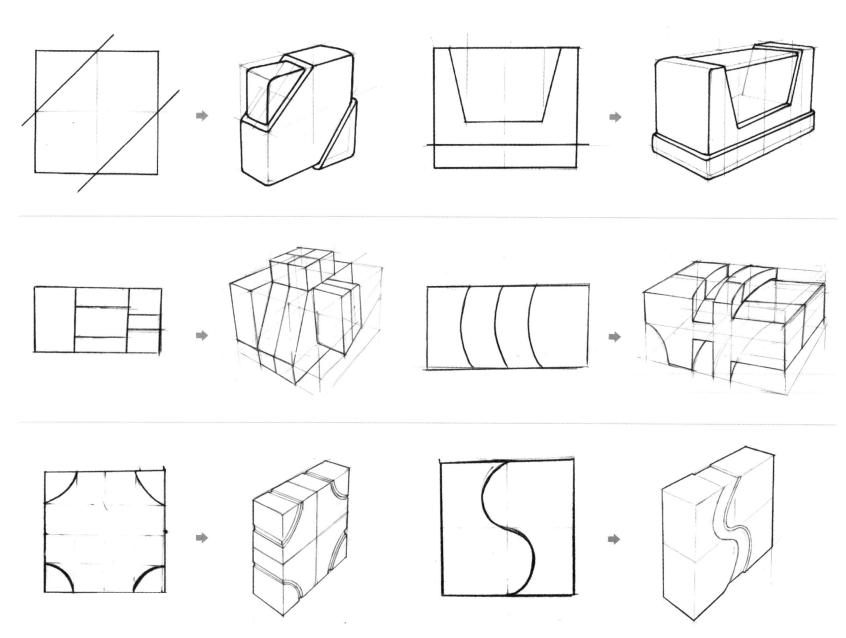

减法的基本训练

卷三
形态

04 综合

加减综合训练

　　在下图范例中，我们可以进行形态设计与拓展的训练。针对一个方盒子，加入各种辅助点与辅助线来塑造可能的形态。在步骤图中，我们可以看到相关辅助点与线的表现方式及其所起到的辅助透视准确的作用。

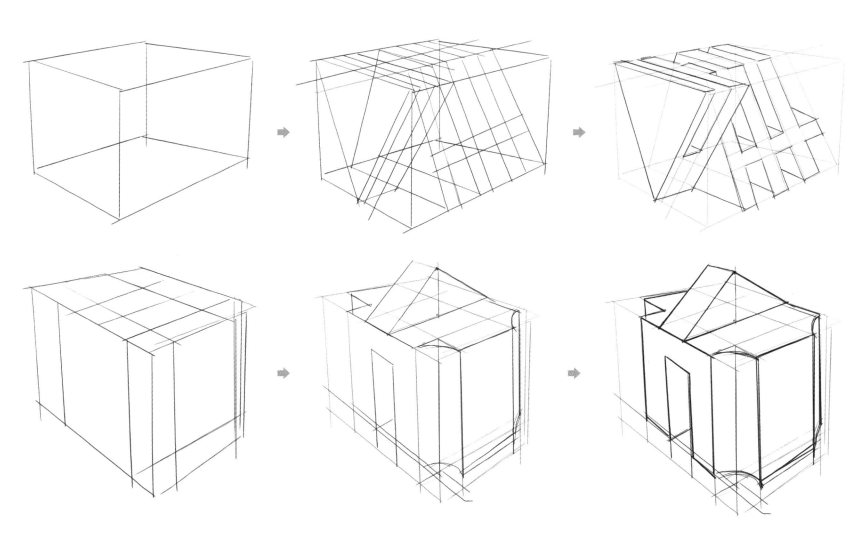

加减综合训练

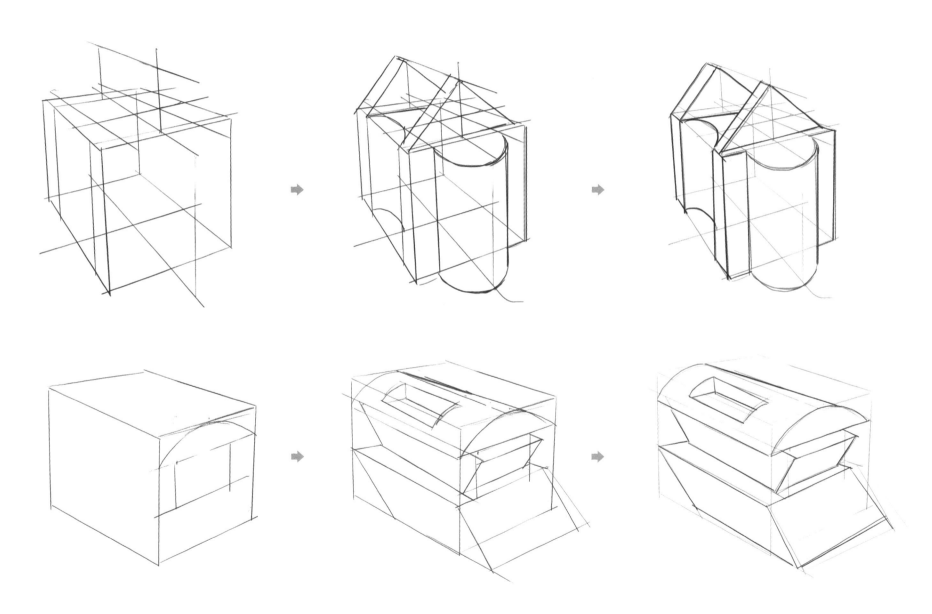

加减综合训练

在前面练习的基础上，增加训练的难度。我们将针对最左边的形状，来进行三种不同三维形态的表现。如果想象力足够丰富，形态分析到位，这就是"无限的可能的形态"的塑造过程。

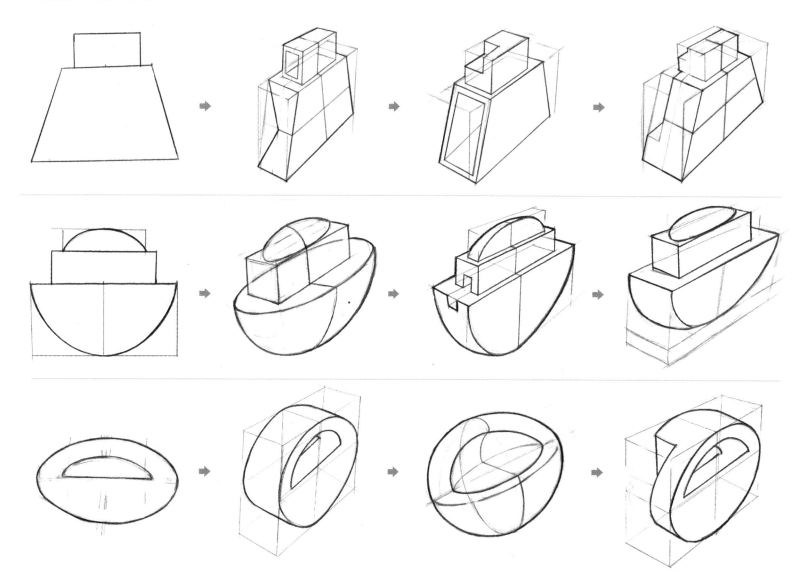

加减综合训练

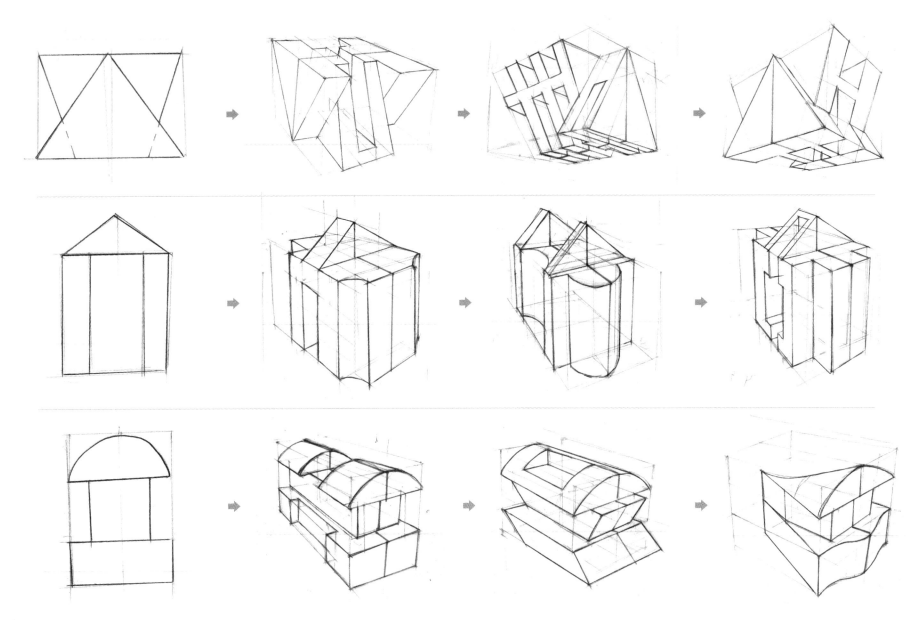

加减综合训练

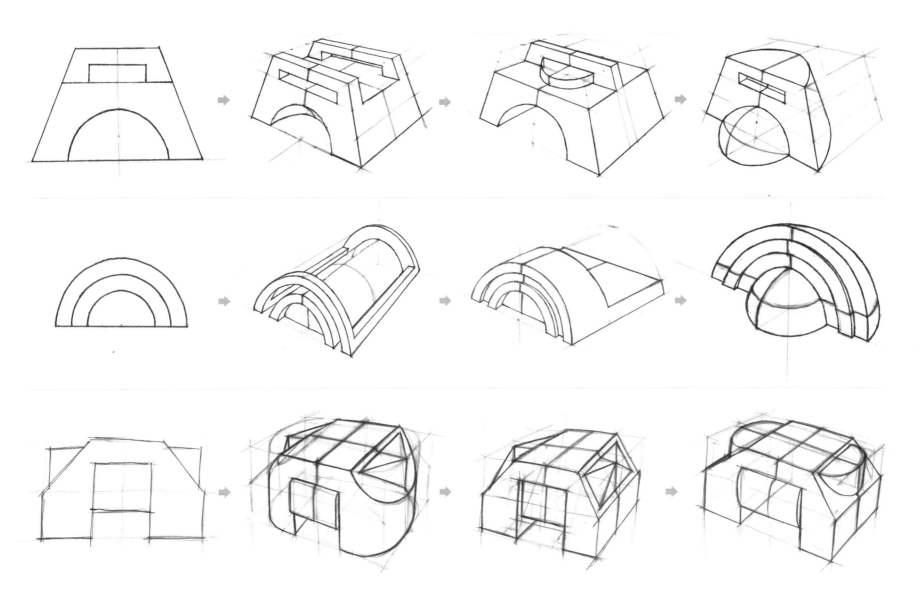

卷三 形态 | 05 | 曲面化

曲面化

　　在生活中，人们倾向于选择边缘较为柔和过渡的产品，而锐利锋利的边缘则让人感到不安全。这也是为什么大多数的产品，其形态设计都需要过渡与倒角。过渡与倒角通常可以用来创建一个表面光滑、交接顺滑的形态。这里将介绍对边缘进行圆角处理的方法及其表现方式。

曲面化：倒角训练

正确的倒角原理与示范

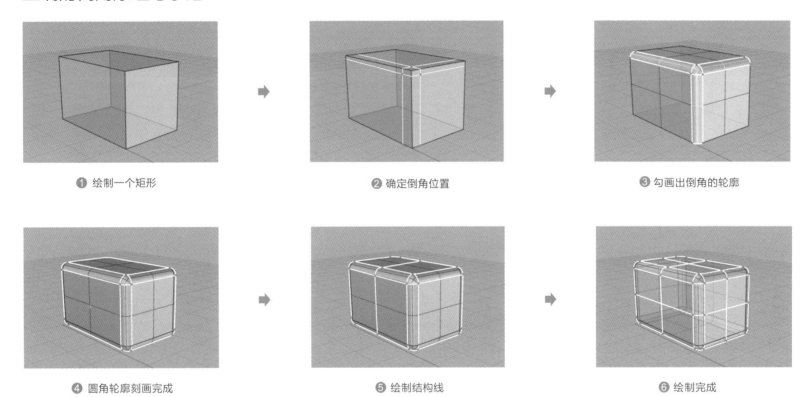

❶ 绘制一个矩形   ❷ 确定倒角位置   ❸ 勾画出倒角的轮廓

❹ 圆角轮廓刻画完成   ❺ 绘制结构线   ❻ 绘制完成

错误的倒角示范：这是另一种特定的形态，而非传统意义上的倒角形态。

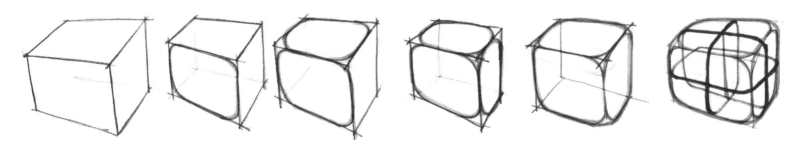

曲面化：倒角训练

尝试针对基础的直棱体与曲面体进行边缘倒角的表现训练，并结合加法、减法来塑造各种带有倒角或曲面的形态。

曲面化：倒角训练

用各种颜色来标注带有倒角形态的纵剖面、横截面，在训练表现的同时，也注意针对形态的分析。理解是为了更清晰地表现，表现是为了更合理地设计。

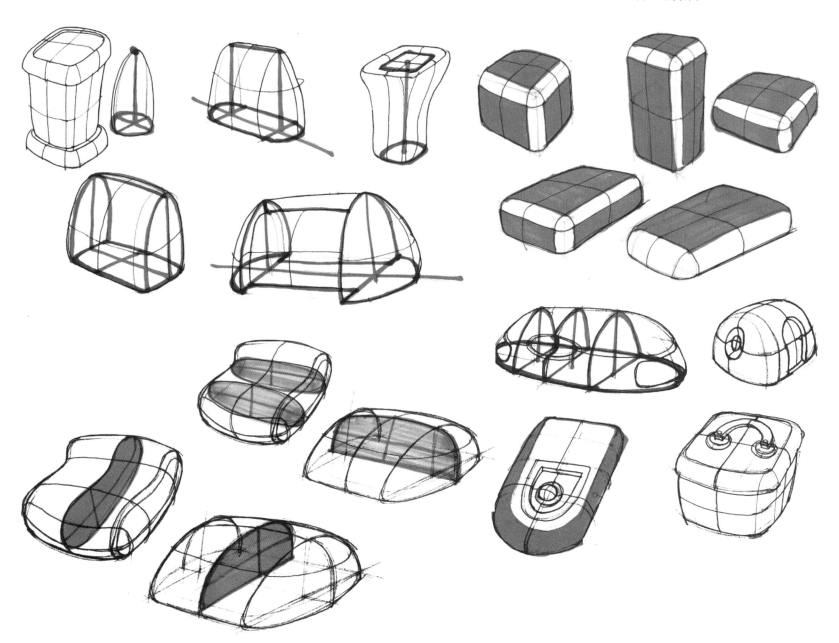

卷三
形态 | 06 | 建模

基于建模逻辑的表现

　　从造型的角度来看，建模与草图具备很强的关联性，从本质上来说，都是使用手或者电脑来完成脑子里形态的设计。因此，我们在绘制草图时，可以按照建模的思维来完成，这也可以使草图的形态和结构表现更加清晰。

　　在下列几个范例中，我们以 Rhinoceros 软件作为参照，来比较手绘表现与建模方式，从中探寻造型的"套路"，并以建模方式反哺手绘表现的训练，在理解造型"套路"的基础上，让理工类学生能自如地应用手中的画笔，快捷、便利地表现出准确的、经过加减或设计之后的形态。

　　后续页面中，上方为建模"套路"，而下方则为手绘表现时，基于建模"套路"来训练的方法。

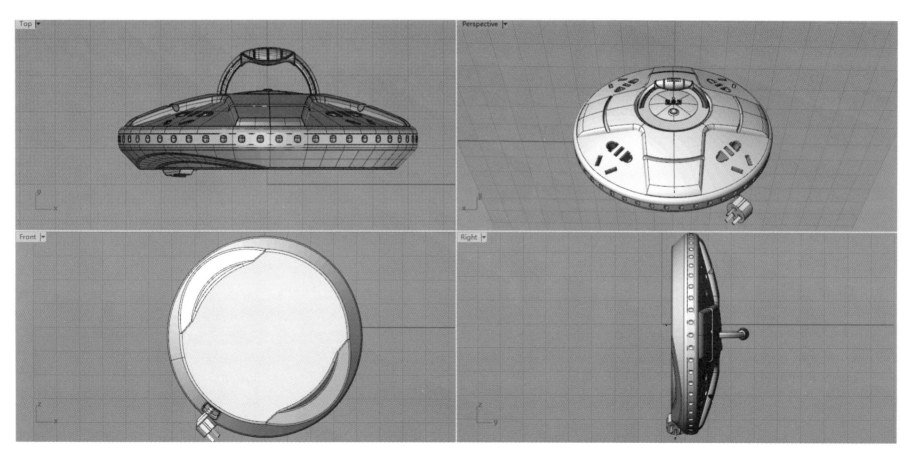

基于建模逻辑的表现

建模逻辑—挤出成型

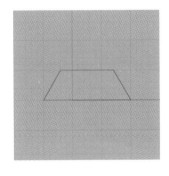

❶ 用直线工具基于网格绘制
出一个梯形

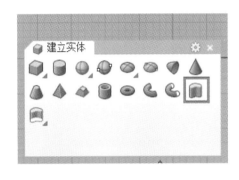

❷ 使用建立实体工具栏中的挤出封闭的
平面曲线命令

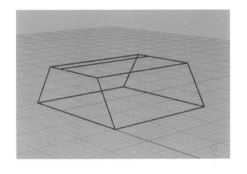

❸ 完成梯形模型的建立

草图逻辑

❶ 画一个有透视的矩形，然后找到
其中点，连接中线，取四分点与
底部点连接，形成一个梯形

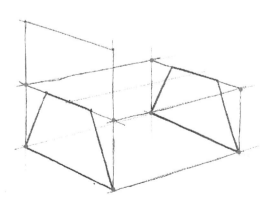

❷ 延伸中点和底部端点并连接各个端点，使
其形成一个立体的空间

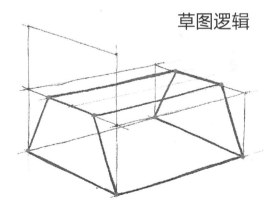

❸ 连接四分点和底部两个端点，成功绘
制一个标准的梯形体

基于建模逻辑的表现

建模逻辑—挤出成型

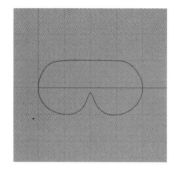

❶ 用曲线工具绘制出相应的
　 形状

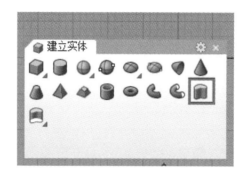

❷ 利用挤出成型工具，挤出立体形态

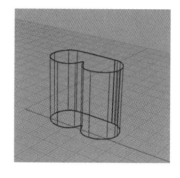

❸ 完成模型的建立

草图逻辑

❶ 绘制一个有透视的矩形，然后分别
　 找到四条边的四分点和中点，并连
　 接这些点，形成特定的曲线形状

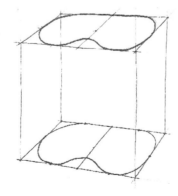

❷ 绘制一个有透视的矩形，然后分别
　 找到四条边的四分点和中点，并连
　 接这些点，形成特定的曲线形状

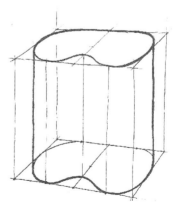

❸ 连接边线

基于建模逻辑的表现

建模逻辑—双轨扫掠

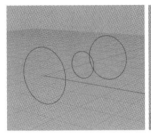 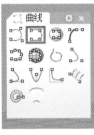 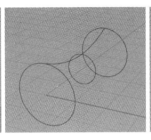   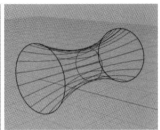

❶ 建立三个同心圆
❷ 使用曲线工具连接圆的四分点，形成一条曲线
❸ 使用双轨扫掠工具，建立曲面体

草图逻辑

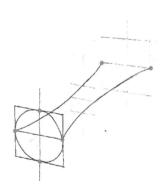

❶ 取正方形四条边的中点，绘制圆形，
然后确定另外两个方形的大小

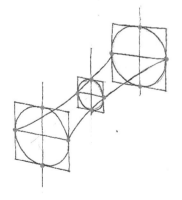

❷ 分别连接三个方形的四边中点，形
成两条曲线
注意：这两条曲线，既是轮廓线，
也可以是表面结构线。

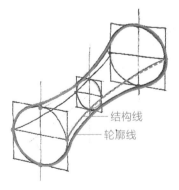

❸ 加深连接的边线，形成一个曲面体
注：有的时候，我们为了让形态自然圆滑，最终所
连接的轮廓线很可能并不是之前规划的线条，而
是基于不同视角而确定的、另外的轮廓线。

基于建模逻辑的表现

建模逻辑—双轨扫掠

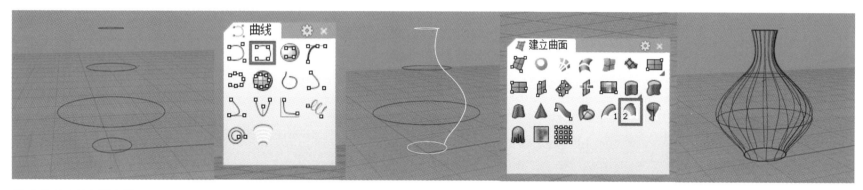

❶ 在软件中绘制同心圆
❷ 使用曲线工具沿着四个圆的四分点分别连接
❸ 使用双轨扫掠，形成立体形态

草图逻辑

❶ 绘制四个同心圆

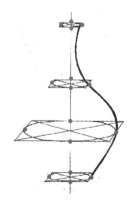

❷ 连接四边形的中点，形成一条曲线

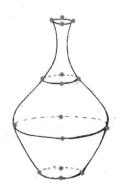

❸ 将轮廓线勾画清晰

基于建模逻辑的表现

建模逻辑—布尔运算

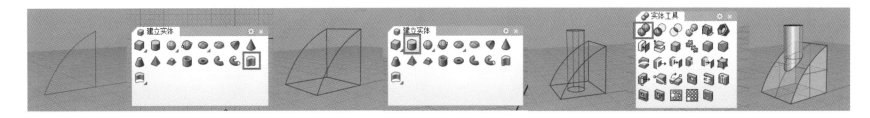

❶ 分别用直线工具和曲线工具绘制出一个扇形
❷ 使用挤压成型工具将其建立成立体形态
❸ 使用圆柱体工具拉伸出一个圆柱体
❹ 使用布尔运算工具将两个形体组合起来

草图逻辑

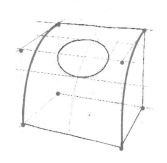

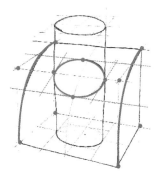

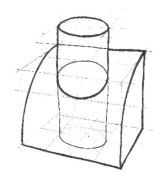

❶ 绘制一个立方体

❷ 绘制两条弧线

❸ 在弧面形成一批矩形区域，找到四条边的中点，绘制一个圆形

❹ 将这个圆形，向上延伸形成一个圆柱体。最终的加法组合形态呈现出来

基于建模逻辑的表现

建模逻辑—单轨扫掠

❶ 使用圆形工具绘制一个圆

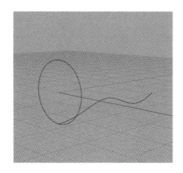

❷ 添加一条你所构想的曲线

❸ 使用单轨扫掠命令选中圆和曲线

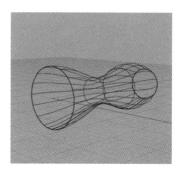

❹ 形成最终的曲面体

草图逻辑

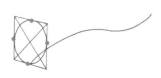

❶ 基于四边形的四边中点绘制一个圆形。然后任意绘制一条曲线

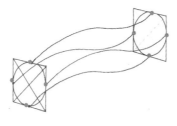

❷ 在曲线的末端，绘制一个相同大小的圆形

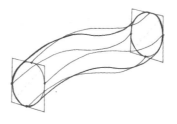

❸ 绘制曲面体的轮廓线

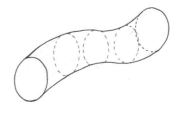

❹ 绘制最终形态，可以补充几个横截面结构线

基于建模逻辑的表现

建模逻辑—布尔运算

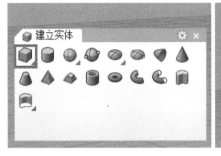 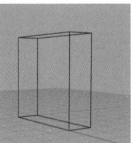 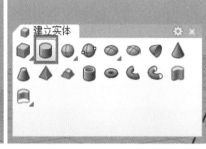 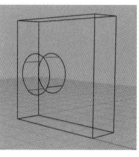 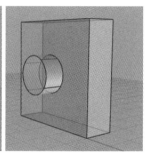

❶ 使用立方体工具建立一个立方体
❷ 使用圆柱体工具建立一个圆柱体
❸ 将两者拼接在一起

草图逻辑

 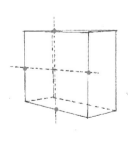 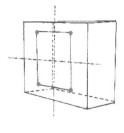  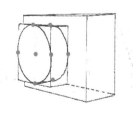 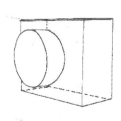

❶ 绘制一个立方体

❷ 寻找四边的中点

❸ 绘制一个正方形

❹ 将正方形拉伸成正方体

❺ 连接正方体的四边中点，绘制圆形

❻ 呈现正方体加圆柱体的形态组合

基于建模逻辑的表现

建模逻辑—建立实体

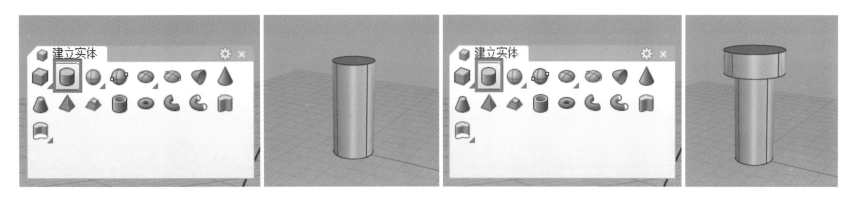

❶ 使用圆柱体工具绘制一个圆柱体
❷ 再次使用圆柱体工具绘制一个圆柱体
❸ 将两者叠加在一起

草图逻辑

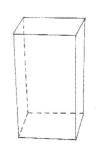 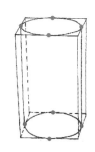 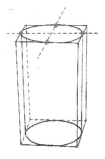 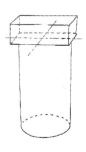 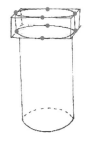 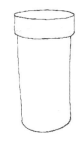

❶ 绘制一个立方体　　❷ 寻找四边的中点　　❸ 绘制圆柱体　　❹ 在圆柱体上方　　❺ 寻找四边中点　　❻ 叠加在一起形
　　　　　　　　　　　　　　　　　　　　　　　　　　　　　　绘制立方体　　　　绘制圆柱体　　　成最后的效果

基于建模逻辑的表现

建模逻辑—布尔运算

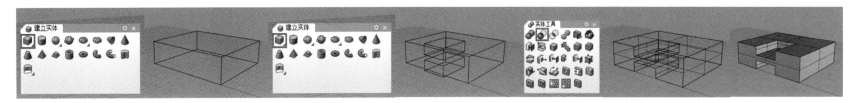

❶ 使用立方体工具建立一个矩形
❷ 再次使用立方体工具建立两个矩形使其堆叠在一起
❸ 使用布尔运算，剪切掉两个矩形，形成新的几何形态

草图逻辑

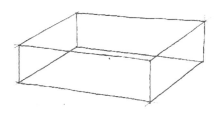

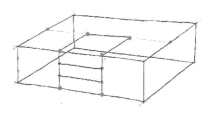

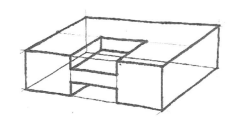

❶ 绘制一个立方体

❷ 寻找产品的四分点和中点，进行连线

❸ 重新描绘轮廓线，形成新的几何体

基于建模逻辑的表现

建模逻辑—建立实体

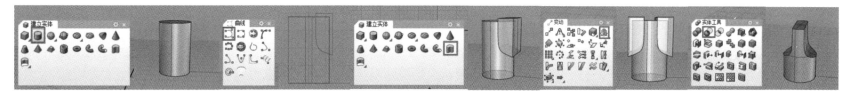

❶ 使用圆柱体工具绘制一个圆柱体
❷ 使用曲线工具绘制出一个封闭曲线
❸ 使用挤出成型工具将封闭曲线变成立体图形
❹ 使用对称工具将其复制在一个在圆柱体的左边
❺ 使用布尔运算工具减去两个图形，形成新的立体图形

草图逻辑

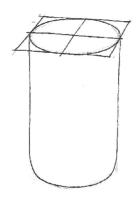

❶ 绘制一个圆柱体

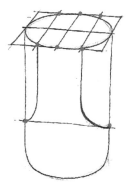

❷ 在圆柱体的顶面绘制一个正方形并找出四分点

❸ 沿着四分点垂直绘制两条线，形成新的剪切几何形态

卷三 形态 | 07 | 影子

投影

下图是几种光线与投影之间关系的简单表现。出于省时、快捷的草图构思与表现需求，建议将倒影的表现作为次要元素处理，而非花较多的时间来分析其真实特性、位置、色素等细节。

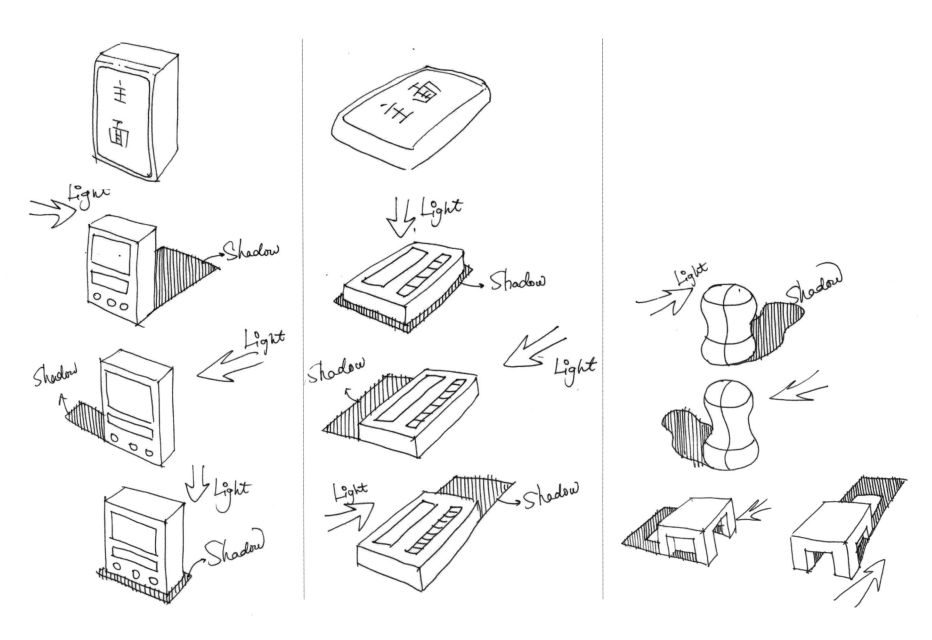

投影
绘制流程

投影的表现可以利用深浅不等的灰色马克笔来绘就，达成两层深浅有别的投影即可，快速表意。

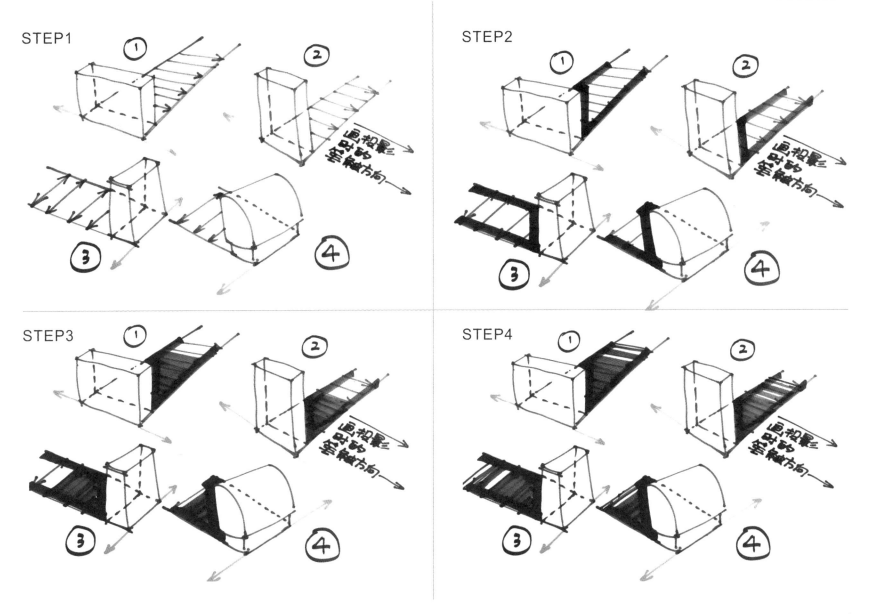

|卷四|

设计

卷四
设计 | 01 | 收与放

无限的可能与有限的选择

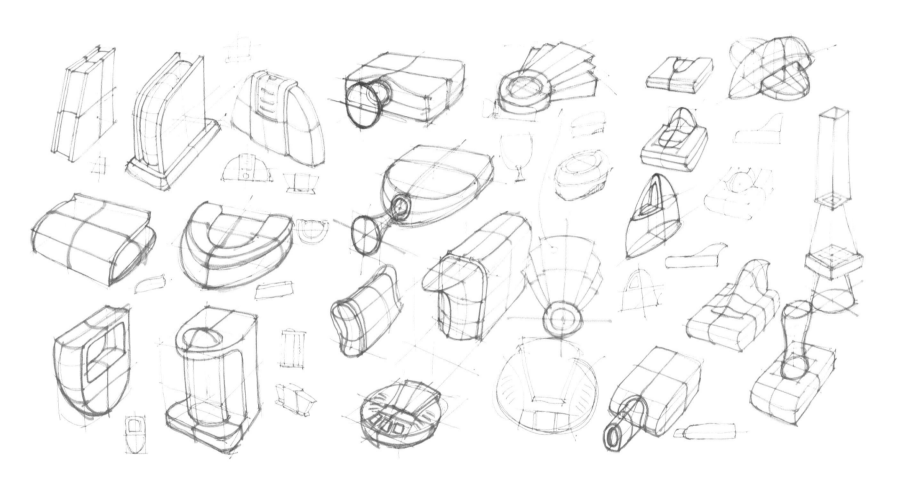

在几何学里，形态以点、线、面、体等视觉因子作为基本要素。

几何形态是经过归纳的假设与精确的计算所推理出的形态，包括球体、柱体、台体、矩形体等立体形态。针对各种直棱体和曲面体进行组合或切割，也就是加减手法的应用，如上图所示，可以衍生出无穷无尽的产品形态。无论何种组合或切割方式，都需要以几何单体为基础来进行形态设计。基于几何形态进行形态设计，在现代主义及其之后的产品中使用极其广泛。

所以，世间万物的形态层出不穷，即使是最复杂的有机形态，也都可以通过形态分析的方法，将其逐步抽象，归纳成最原始的几何体或若干种几何体的加减组合之形式，并进一步从中发现各类物体去芜存真之后的最本质"雏形"。

在发散的过程中，点、线、面、体等构成因子的组合与变形，各类形态的加减过渡等方式，也需要有一定的对于其成型效果的预判。既要收（形态设计的受限），也要放（形态设计的发散），并抵达收放自如之境地。

无限的可能与有限的选择

　　在设计时，我们总是将脑子里的所有构思都快速、简略地表现在草稿里。构思的过程就是无限的思维发散的过程，无论是形态风格的变换、内部结构的改进还是使用方法的调整、使用情境的比喻等思路，都可以储存在纸上。固然设计是许多要素的整合与协调，但在初期的构思中，我们常见到信手绘就的各种形态，谈兵纸上。当然，这里的纸上谈兵并没有贬义，我们首先需要思维发散，寻求无限的可能性。

　　如下图所示，这是笔者在设计锅具类产品时的发散性形态设计手稿。

无限的可能与有限的选择

　　在思维发散之后，面对各种可能性，我们需要进行有限的选择。基于各种创意所塑造的设计，还是要被企业的诉求、市场的发展趋势、使用的难易程度、工艺的复杂程度、设计的领先型等因素所主导。寻找出最重要的若干点限制因素，无论是生产成本、工艺要求，还是人群定位、市场空白等要素，都需要我们将思路收拢，从无限的可能中确认有限的选择。好比考研复试时，我们要做发散式的初步草图，再从中选择一款，做收拢式、集中式的更为精细的图像。如下图所示，是笔者所在平台所设计的健身产品的草图与精细图。

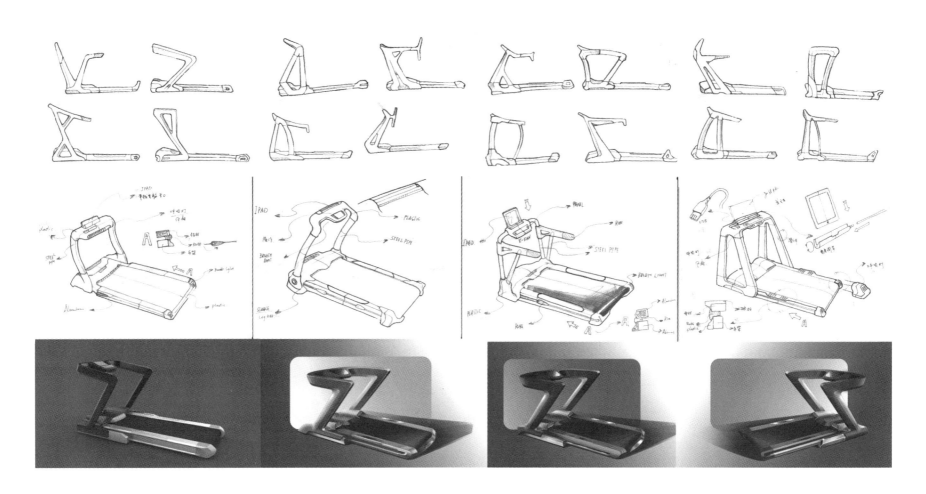

无限的可能与有限的选择

在平常课业、考研复习、设计实践中，其实草图表现的概率远远大于效果图的表现，就像下图中各种烤面包机的设计构思一样。思路发散与构思收拢的过程中，不太可能去表现一幅幅艺术化的效果图。相反，甚至类似于"涂鸦"的草图，反而是设计师脑洞大开时候最快捷便利的工具。无论是形态表现、结构设置，还是设计策划、定位导图等，准确、简洁的草图才是设计师最亲密的表现方式。

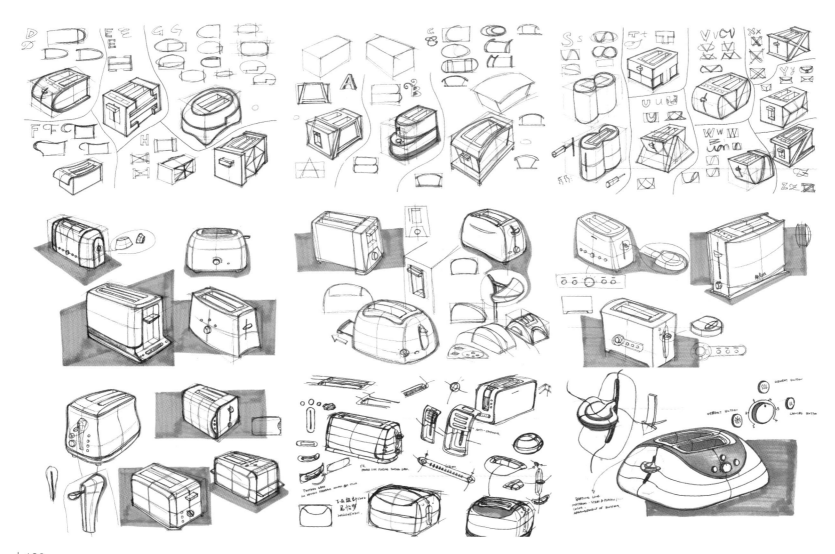

卷四
设计 02 怎么用

产品的使用要素
人机

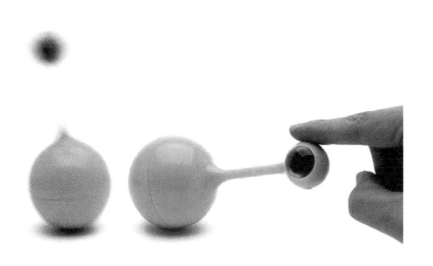

"Jimmy"
magnetic key-ring & bottle opener
mydoob 2004

　　比较常见的人机关系，通常都集中体现在使用产品的过程中。尤其是手在操作产品时的状态，是最为多见的人机关系的表现方式。针对手使用产品的状态，多加训练，可以较好地展现产品的使用表现。手部的轮廓也可以简化甚至直线化，一切都从快速便捷、表达清楚的角度出发来考虑。

产品的使用要素
人机

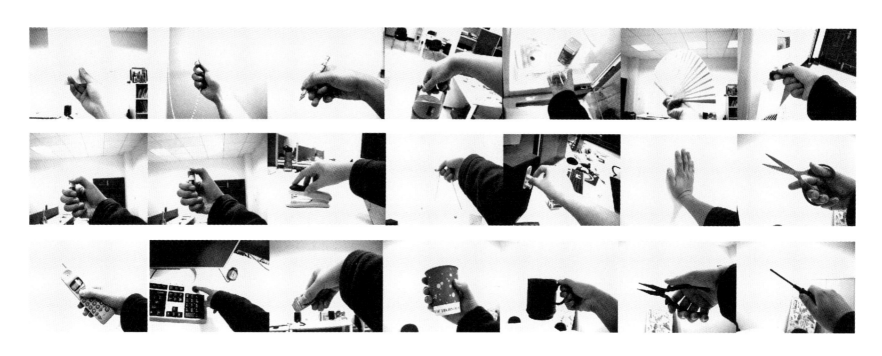

日常生活中，手持各种物品的状态图，都可以通过照相的方式存储起来，作为临摹的对象。

产品的使用要素
人机

图中的人物表现按照个人习惯来进行适当简化，卡通化是其中的一种选择。

在图中，我们可以通过人物角色的加入，了解到两种关系：

1. 大致的人机尺寸关系；

2. 大致的人机使用关系。

产品的使用要素
人机

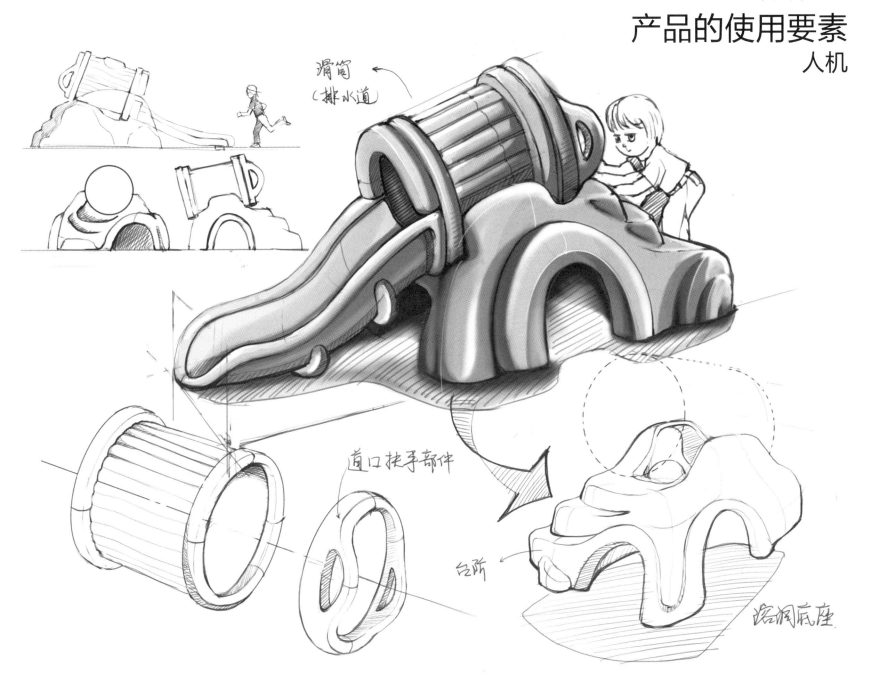

滑简
（排水道

道口扶手部件

台阶

洞洞底座

产品的使用要素
人机

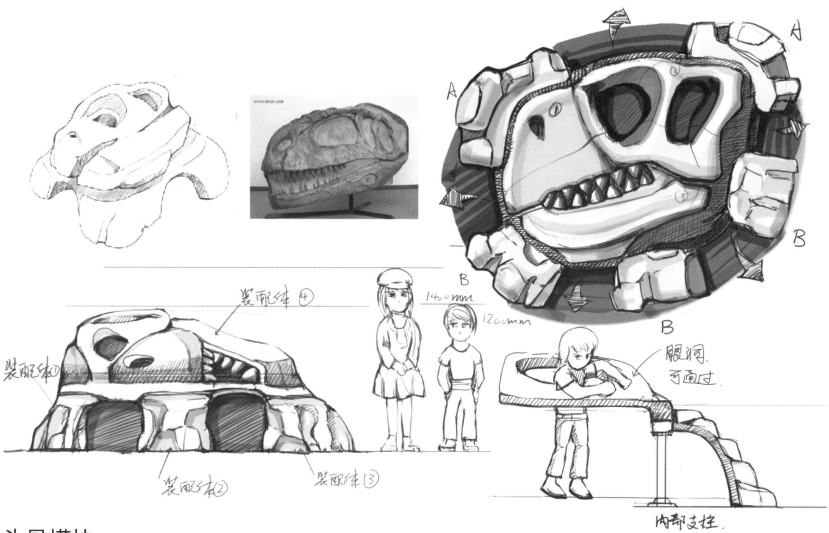

头骨模块

作者从头骨元素中抽取线条设计而成的一系列娱乐设施。用户的身高标注，其与对象之间的互动关系，都能从草图中一目了然。

产品的使用要素
人机

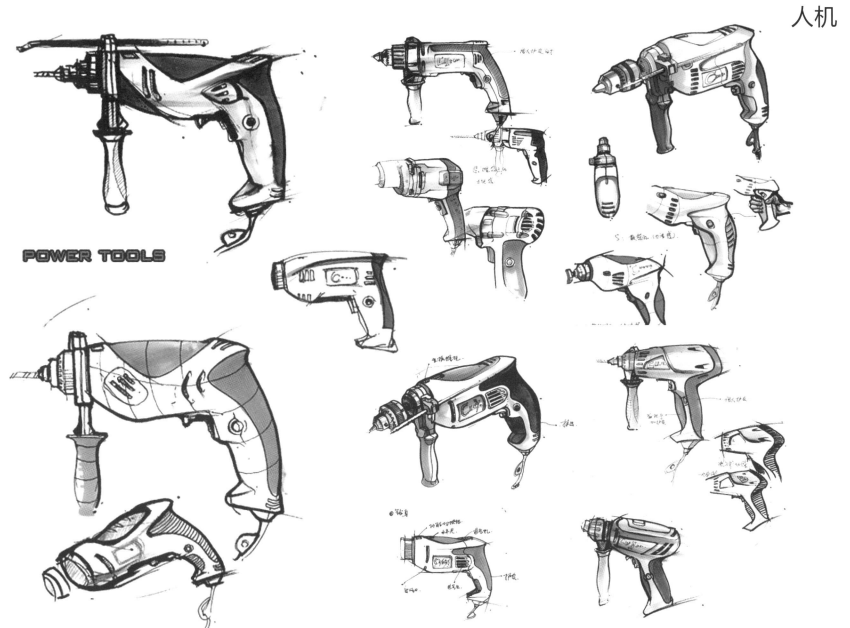

POWER TOOLS

产品的使用要素
人机

手持式电动工具是典型的手控式产品。即使不表现出手部轮廓的图像，也一样可以大致体察到产品手握部分的形态细节所带来的感受，但加上手的操作，直观形象的临场感更强。

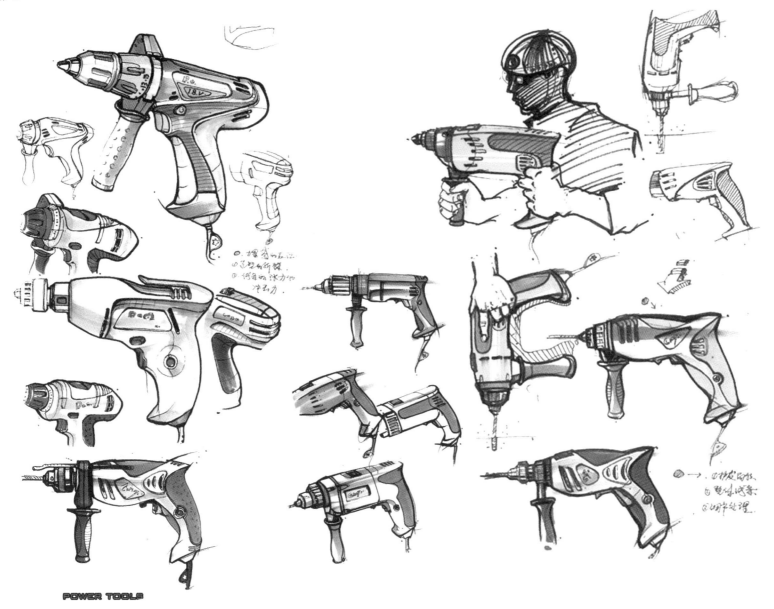

POWER TOOLS

产品的使用要素
箭头与关键词

在表现产品的使用时，我们总能用到许多指示性的符号。其中，箭头是常用来表现动作的标识。箭头的大小渐变、颜色过渡、方向、折叠或折弯程度，可以转化为各种产品部件发生位移、旋转、出入等状态变化的信息，给予草图中的对象"怎么使用"或者"怎么变形"的解释。

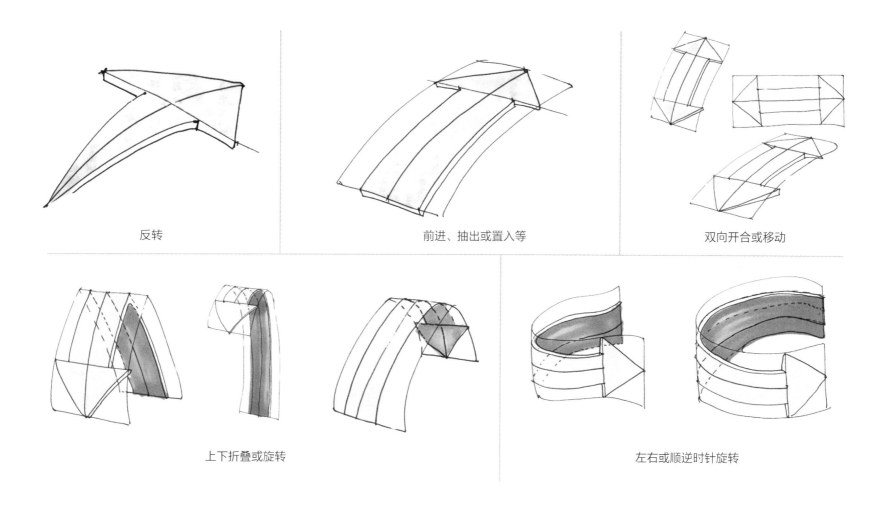

反转

前进、抽出或置入等

双向开合或移动

上下折叠或旋转

左右或顺逆时针旋转

产品的使用要素
先后顺序

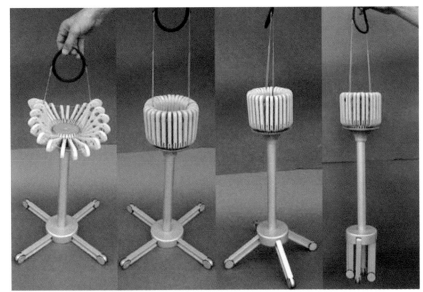

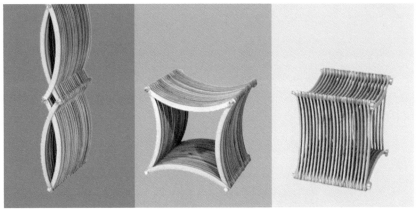

分析产品的使用顺序，并进而得出使用流程中的关键图像。变化前是什么形态？使用后是什么形态？变化过程中有哪几步是最为关键的？是需要人的手、脚还是别的部位与产品的什么地方对接？针对这些因使用而产生的形态变化过程，来进行如下分析：

1. 形态变化的步骤，即使用过程中，形态的关键变化状态有几个？
2. 形态变化的机构，即什么结构可以促使形态发生变化？
3. 形态变化的动因，即用户需要如何操作，才使得形态为了达到目的而发生变化？

产品的使用要素
关键帧

所谓关键帧,是指产品在使用过程中发生的形变状态。譬如,盖子的开启,就有"开"与"合"两个关键帧。如此,我们可以截取这两个关键帧作为使用过程中的形变表现,取代用一段视频的拍摄来表现形变的前后过程。

选择产品产生形变的活动部件,表现该部件细节或产品整体,在变形前后的形态图

活动部件

↓

旋转　推移
翻开　收缩

↓

选择关键帧

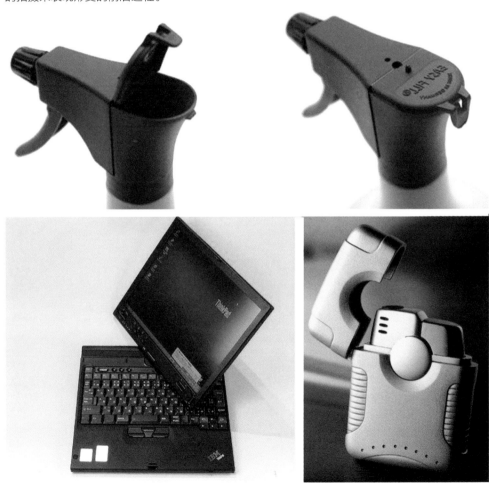

产品的使用要素
关键帧

　　组合家居的设计，有时候会看到是以单元体集合的形式法则来成形。

　　下图中的状态并非使用时用户所选择的组合方式。但是在设计构思的表现时，我们可以将其组合的多样性表现出来，作为关键帧。组合得严丝合缝的重复单元组合的构架可以表现，组合得灵活多变的调皮的构架也可以表现。

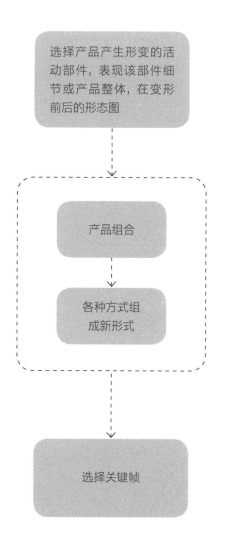

选择产品产生形变的活动部件，表现该部件细节或产品整体，在变形前后的形态图

产品组合

各种方式组成新形式

选择关键帧

产品的使用要素
关键帧

上图中的笔筒，在选择关键帧时，我们可以定位在产品形变与发挥作用的状态。所谓发挥作用，是指笔筒里面放文具、收纳袋里放拖鞋、木制容器里放回形针等。如此，在一个草图中，就会如下面几张照片一样，既可以察知形变的状态，又可以看到发挥的作用，从而表现出更完整的产品信息。

 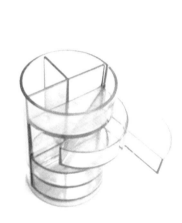  

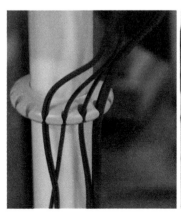  

卷四 设计 03 有多大

产品的尺寸要素
平面图与三维图的数字标注

产品的尺寸，多以三视图加上数字的方式来标注，简单清楚。如下图所示。

在草图的绘制过程中，也可以有比较灵活的方式来表现。譬如尺寸直接标注在三维透视图中，或者干脆摒弃数字，加上人手操作状态的表现，或者其他的人机关系，通过手或者人体等基准，来表达大致的尺寸关系。

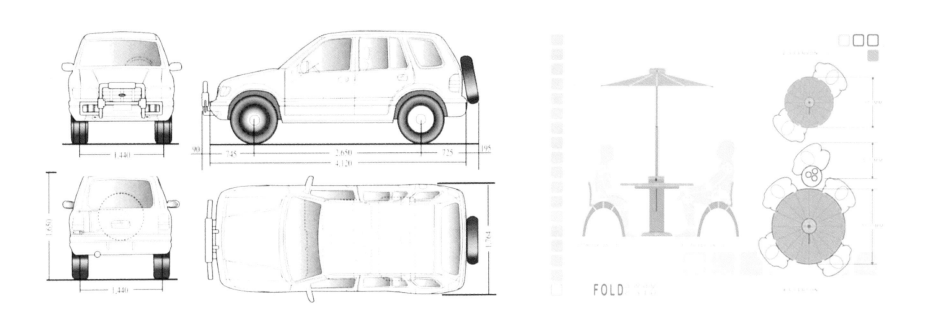

产品的尺寸要素
人机尺度比较

尺寸识别

↓

通过手等熟悉
的事物对比

↓

选择关键帧

产品的尺寸要素
参照物对比

如果不标注尺寸，而是用人机关系草图来表现产品信息，则既可以体现产品的使用信息，又可以体现相对的人机尺寸关系。在草图表现中，完全可以不需要塞入三视图及其尺寸标注，而是以更快捷的方式表现。

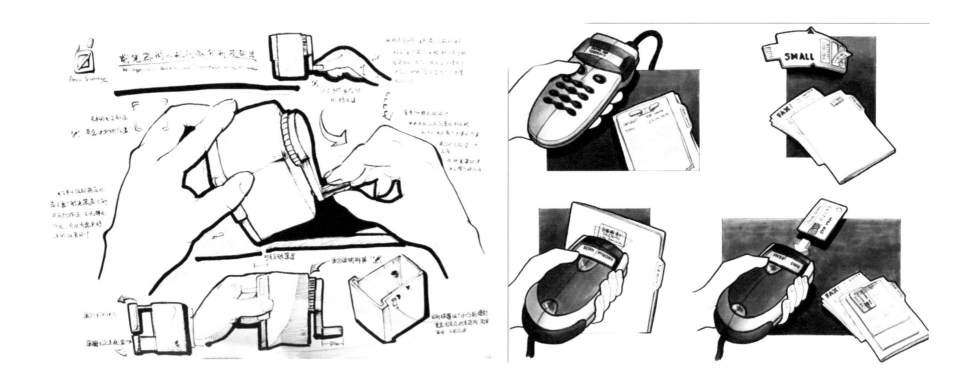

产品的材料要素
一般塑料的普适性铺色

一笔一笔铺色.
而非都是"连笔"铺色.

一笔笔
连笔

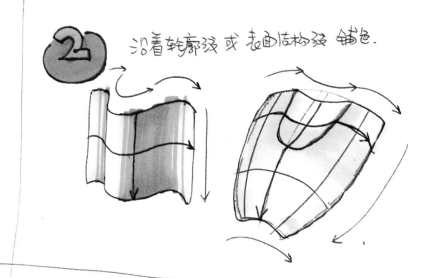

沿着轮廓线 或 表面结构线 铺色.

马克笔笔头转向.
可以铺出粗、中、细等宽度不一的尺寸.

马克笔笔头

粗

细

不一定铺满. 可以"留白".
可以灵活应用"粗细"和"角度"对比.
"角度"对比是指: 与轮廓线或表面结构成偏离一定角度.

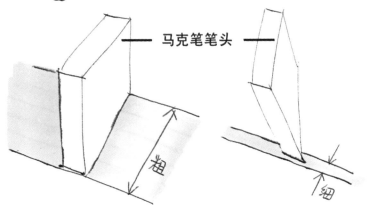

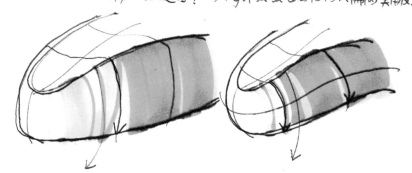

产品的材料要素
一般塑料的普适性铺色

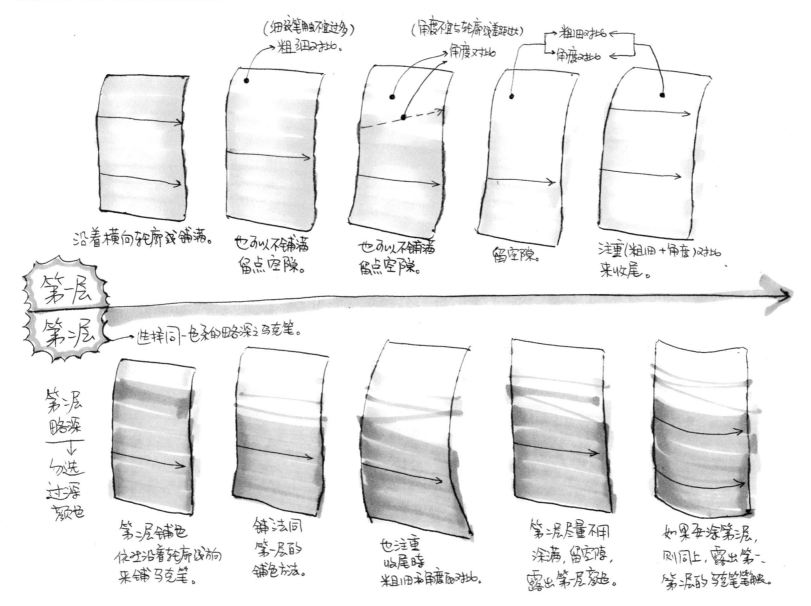

（细裝笔触不宜过多）
→ 粗细之对比。

（角度不宜与轮廓线差距过大）
→ 角度对比

粗细对比
角度对比

沿着横向轮廓线铺满。

也可以不铺满 留点空隙。

也可以不铺满 留点空隙。

留空隙。

注重（粗细＋角度）对比 来收尾。

第一层

第二层

→ 选择同色系的略深马克笔。

第二层 略深 ↓ 勿选 过深 颜色

第二层铺色 依然沿着轮廓线向 来铺马克笔。

铺法同 第一层的 铺色方法。

也注重 收尾时 粗细和角度的对比。

第二层尽量不用 涂满，留空隙， 露出第一层颜色。

如果要涂第三层， 则同上，露出第一、 第二层的马克笔笔触。

产品的材料要素
一般塑料的普适性铺色

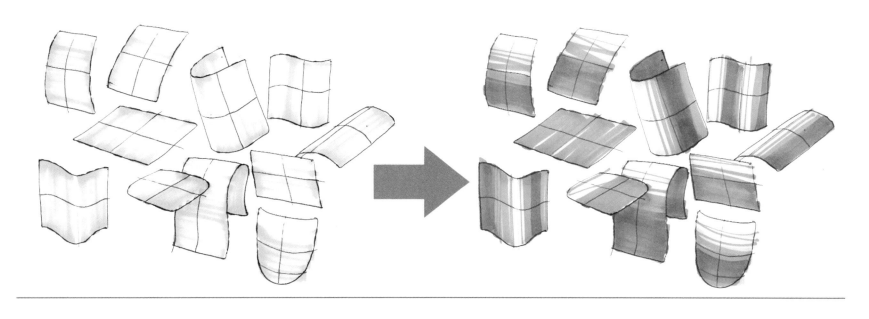

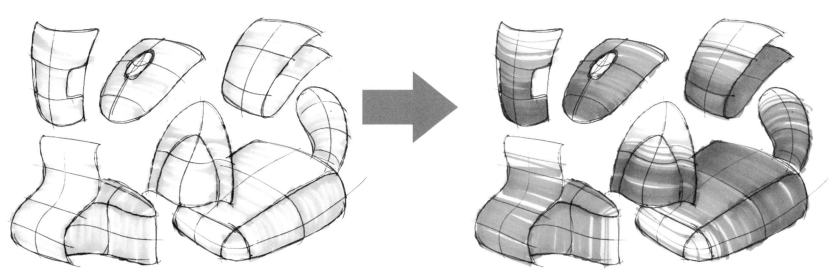

产品的材料要素
一般塑料的普适性铺色

　　产品材料的表现主要集中在塑料、金属与木材等材料上。这几种材料的绘制，手法与套路有共性，但最终的视觉特质会有差异。掌握这些马克笔用色的共通套路，将有助于我们更快地进行色彩与质感表现。

　　下图是最为典型的马克笔上色步骤。我们可以看到，简单的光影关系，加上用笔的方向与粗细，就是马克笔上色的分析与铺色的套路。图中的WG3，是指暖灰中程度为3、较为轻盈的灰色的颜色。而WG7是指暖灰中程度为7、较为沉重的灰色。

　　一般而言，无论冷灰（Cold Gray，简称 CG）还是暖灰（Warm Gray，简称 WG），都有着 9 种不同深浅的系列，有的以 1~9 的数字来表现深浅，有的则以 10%~90% 的百分比来表现深浅。甚至有的还有 WG0.5 或 5% 等更浅的灰色。字母数字符号不同，但本质相同。

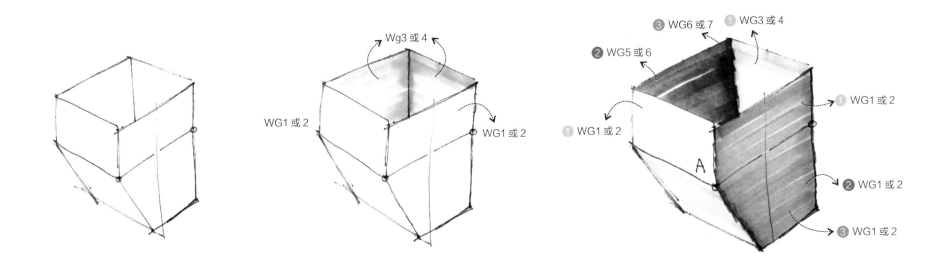

产品的材料要素
一般塑料的普适性铺色

在表现亚光的塑料材质时，马克笔铺色时候的套路可以简述为两点：

1. 沿着轮廓线或表面结构线来刷笔，意即铺色；

2. 铺完第一层，视情况而定，选择更深的同色系马克笔，来继续铺第二层，覆盖部分或大部分第一层的颜色。至于最终要铺几层颜色，取决于用户的表现需求。一般而言，无需铺过多层，就草图来说，铺两层即可，顶多铺三层。

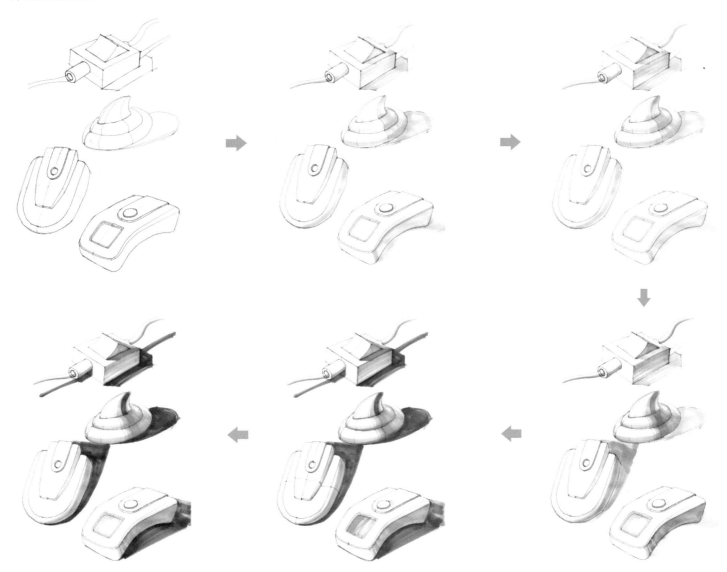

产品的材料要素
一般塑料的普适性铺色

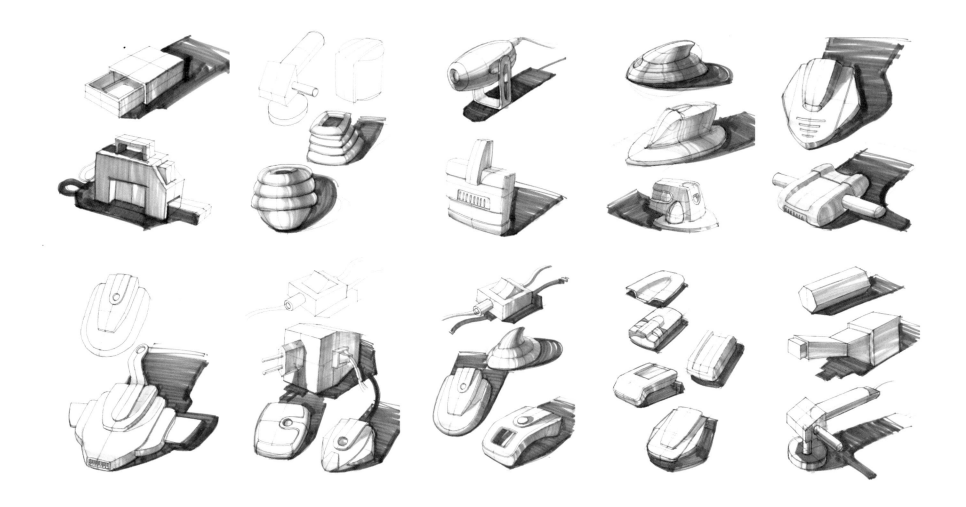

产品的材料要素
一般塑料的普适性铺色

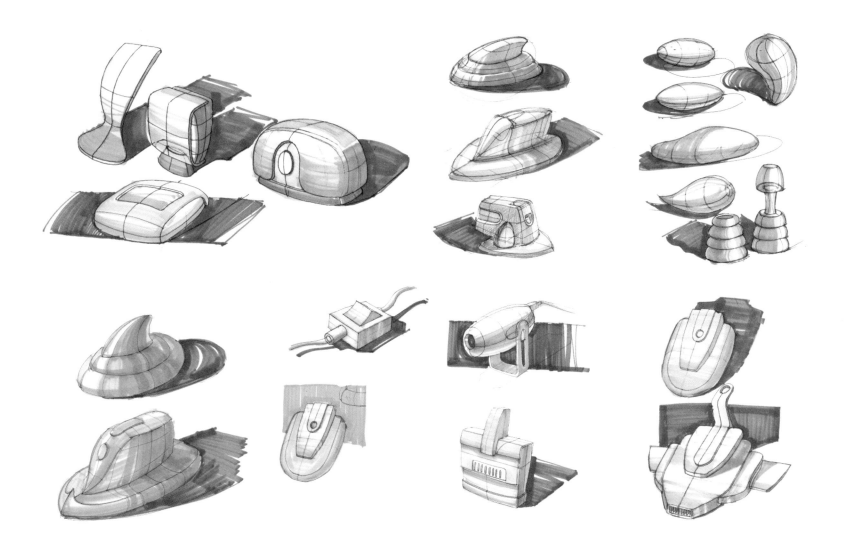

产品的材料要素
塑料
表现范例一

一般画法：在进行颜色与质感的表现前，无论明暗还是色彩，都先不急着动笔，不管什么产品、何种材料，我们都可以针对如下要点来进行分析：

1. 光照和投影
2. 基本颜色（亮部）
3. 暗部颜色（暗部）
4. 高光和留白
5. 细节

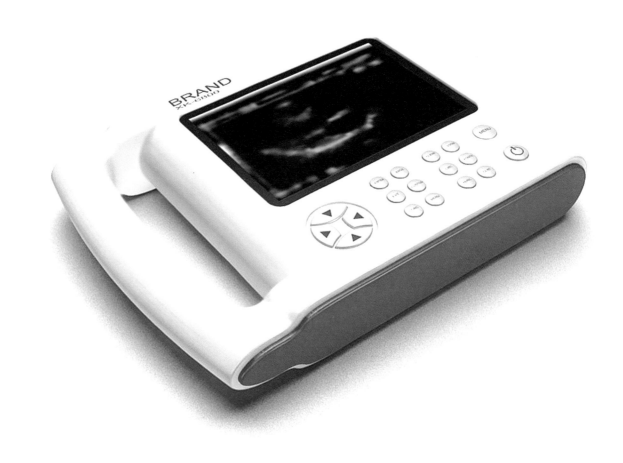

产品的材料要素
塑料
表现范例一
分析：亮部和暗部

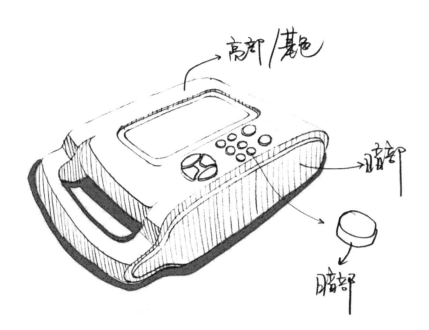

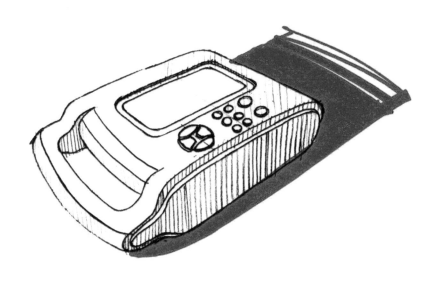

人为设定光照从上往下垂直打，
亮部即为图中的空白区域，
暗部则在上图中以排线的方式来指示，
红色为投影区域。

如人为光照从左前往右后打，
亮部（基色）和暗部的安排如图所示。

产品的材料要素
塑料
表现范例一

分析：高光

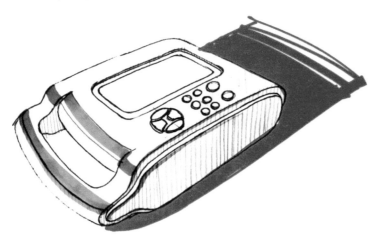

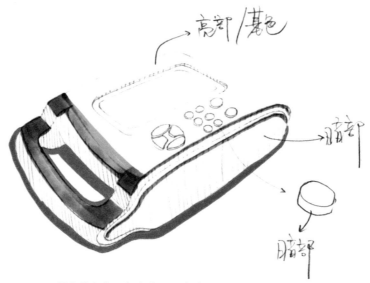

假定光照从左前往右后打的话，我们来思考高光线和高光面的位置与大致面积、形态。图中，绿色为高光区域，红色为投影，排线区域为暗部，空白区域为亮部。亮部通常就进行主体颜色的涂刷，而暗部则用稍深、稍暗的颜色进行加深、加层次。

大的高光区域可以是一个面的状态，表现时可以留白。

如果用马克笔来刷主体颜色的话，利用遮挡胶带或纸张来针对高光区域进行遮挡，以免颜色涂到。小的高光线或点，则在后期利用高光笔来点缀。

如果用色粉铺主体颜色的话，高光可以用橡皮擦出来。
如果用彩铅来铺主体颜色，高光就不一定能擦出来。

假定从上往下打光的话，高光线和高光面通常在倒角处、转折处以及分型线的接缝处。

图中的基色，是指主体颜色。可以是各种颜色，也可以是灰色。通常白色可以用浅灰或米黄等或冷或暖的浅色来作为主体颜色。

产品的材料要素
塑料
表现范例一

亮部，暗部，高光，留白，投影，装饰色块在哪里？用铅笔划分下大致区域吧！

涂第一层基本色调，CG2（或CG1）铺面，亮面暗部都先涂CG2。亮面色调也可选白色，则只需先涂侧面即可。

CG4左右，加强暗部，重覆盖一层，但不要覆盖满，亮部也可分下层次，用CG4加强暗部层次。

CG4左右，亮部也分下层次，用CG4加强亮部层次。

屏幕两边可简单用纸遮挡，以免马克笔涂出边界过多。涂屏幕第一层，可沿着纵向或横向的屏幕轮廓线刷，适当留些空隙。

涂屏幕第二层，选择灰色，CG5，沿第一层的方向铺线，铺得少些，露出第一层浅灰。

涂第三层，选择灰色CG9或黑色，铺得更少些，露出第一、第二层浅灰。如果涂第二层时即用CG8、CG9或黑色，则第三层无需涂。

加强一下暗部，给暗部再铺一层深灰，适当加深。

产品的材料要素
塑料
表现范例一

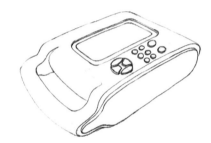

亮部，暗部，高光，留白，投影，装饰色块在哪里？用铅笔划分下大致区域。

马克笔涂主体黄色，右侧另一部件（侧翼）基色选择暖灰（WG2），铺完第一层，按键也铺过去，注意高光区域的留白。

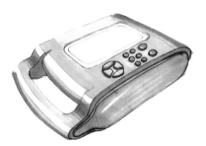

给亮部（基色）分层次，选择浓黄、橘红或暖灰。黄色壳体的右侧是暗部，加浓黄、橘红或暖灰，按钮的侧面，以及按钮顶面同样加暗。针对黄色主体的处理完毕。

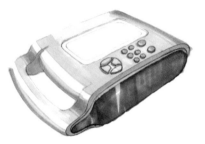

给暗部（侧翼）分层次，选择暖灰 WG4 或 WG5，增加层次，也可基本涂满。针对暖灰侧翼的处理完毕。

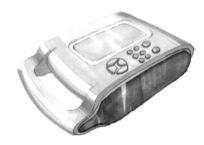

屏幕两边可简单用纸遮挡，以免马克笔涂出边界过多。涂屏幕第一层，可沿着纵向或横向的屏幕轮廓线刷，适当留些空隙。

涂屏幕第二层，选择灰色，CG5，沿第一层的方向铺线，铺得少些，露出第一层浅灰。

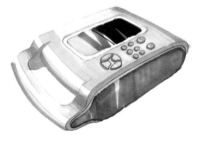

涂第三层，选择灰色 CG9 或黑色，铺得更少些，露出第一、第二层浅灰。如果涂第二层时即用 CG8、CG9 或黑色，则第三层无需涂。

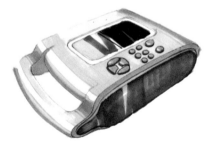

加强一下暗部，给暗部再铺一层深灰，适当加深。

产品的材料要素

塑料

表现范例一

此处表述的是收尾工作。或者如上列所示,加以投影的点缀。或者如下列所示,加以背景色块的点缀。两种方式均可用来烘托产品对象。

添置投影。
采用 CG8 或 CG9。

如发现投影添加之后,发现暗部变浅,则再返回去,用 CG6 加深暗部。

加上杂点,增添一些嘈杂质感。

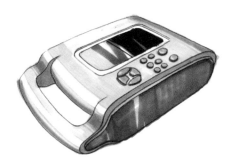

不添置投影,
选择合适颜色做背景色块。

添置背景色块。

加上杂点,增添一些嘈杂质感。

产品的材料要素
塑料
表现范例二

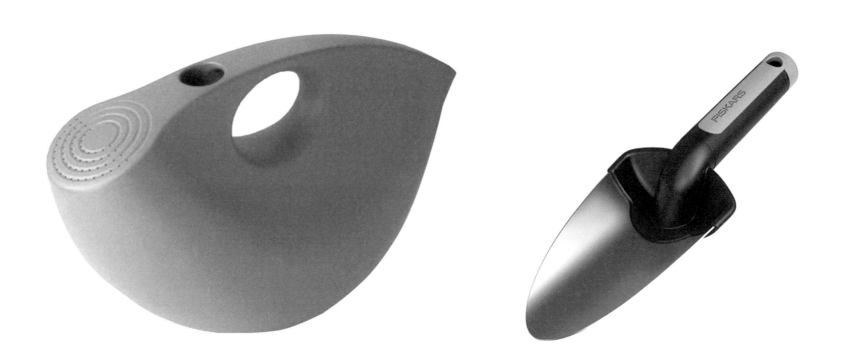

产品的材料要素
塑料
表现范例二

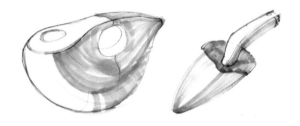  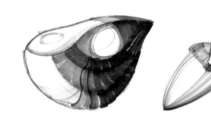

涂亮部和暗部　　　　　　　　　加深亮部暗部层次　　　　　　　　继续加深亮部暗部层次

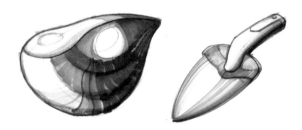 

黑色彩铅强调轮廓和做一些渐变　　　　　加杂点，增加投影或者背景色块

产品的材料要素
塑料
表现范例二

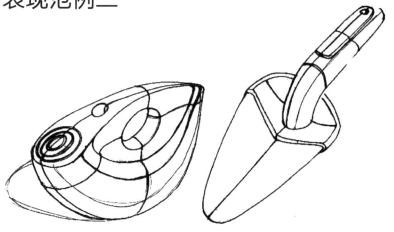

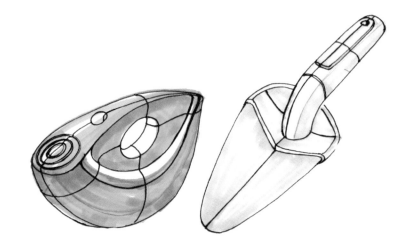

涂刷第一层基色

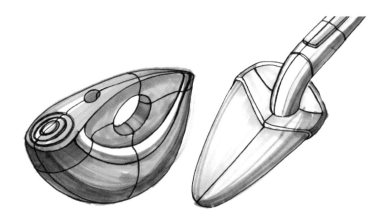

涂刷暗部，给暗部加深，加层次

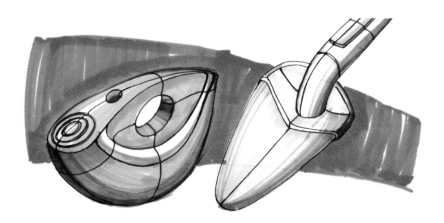

继续给亮部和暗部分别加层次；
并以背景色块作为收尾

产品的材料要素
塑料
表现范例二

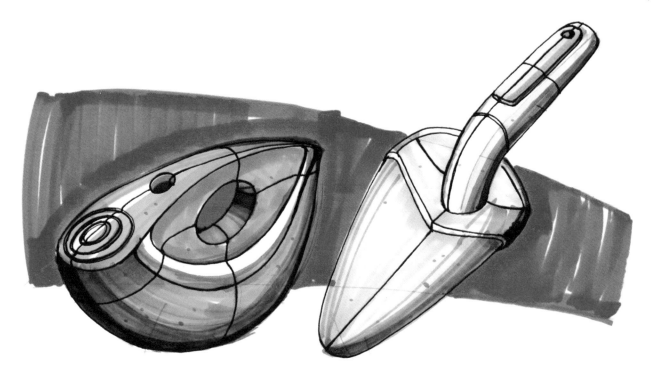

加杂点，整体再调整下层次，看是否需要给亮部、暗部继续增加层次，丰富表现语意

产品的材料要素
塑料
表现范例三

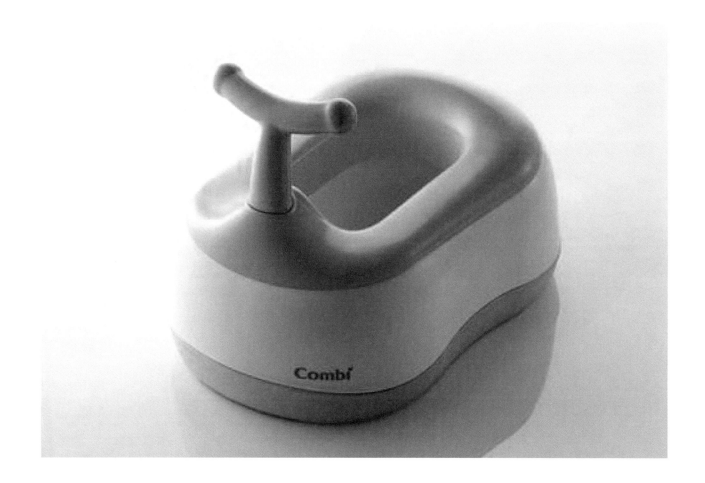

产品的材料要素
塑料
表现范例三

第一层，涂暗部，以及亮部中较深的部分　　　第二层，继续沿着轮廓线方向，给暗部增　　　比较情况来进行加层加色工作
　　　　　　　　　　　　　　　　　　　　　加层次，给亮部加层次

用黑色彩铅，远轻近重，勾　　　　　加背景色块或投影　　　　　　如主体和层次颜色将轮廓线压下去，
轮廓线，强化轮廓　　　　　　　　　　　　　　　　　　　　　则继续强化轮廓和增加杂点

产品的材料要素
塑料
表现范例三

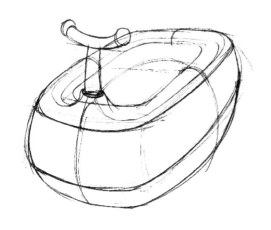

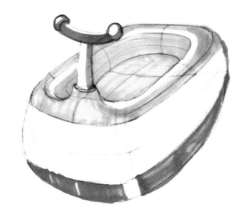

涂各部件基色，中间部件如为白色，可先全留白或 CG1 涂下。注意事先留的高光。太细的高光线不必留，后期高光笔处理

涂第二层，分别用浓黄和暖灰给各部件亮部、暗部加层次。注意事先留的高光

修修补补，视乎亮暗对比情况来对亮部和暗部的层次作后续的增加和调整

强化轮廓，增加杂点，针对细节处理

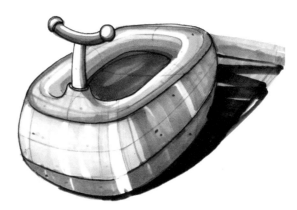

增加投影

产品的材料要素
塑料
表现范例三

接缝处高光线处理（白铅）

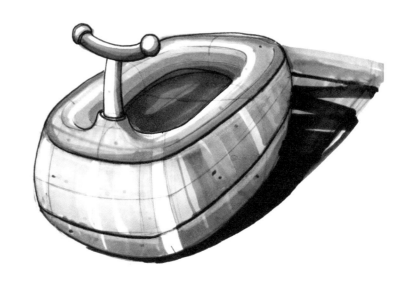

接缝处高光线处理（白铅）

产品的材料要素
塑料
表现范例四

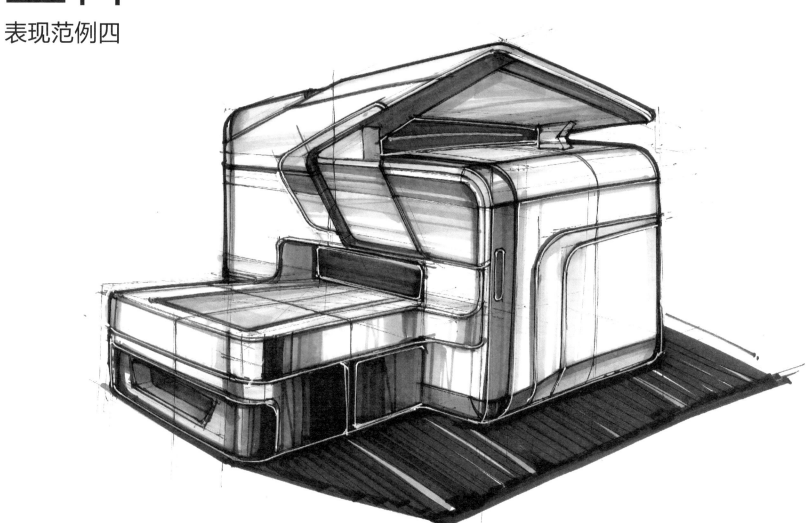

产品的材料要素
塑料
表现范例四

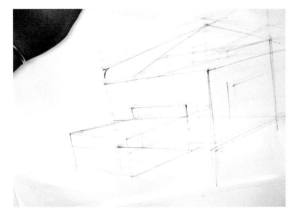

1. 首先使用针管笔绘制产品的基本透视，线条不需要画得太重，能看清楚即可

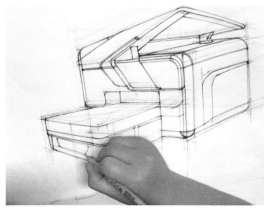

2. 使用针管笔描绘产品的细节部分，例如按键、折弯、分模线等，为下一步马克笔上色作好准备

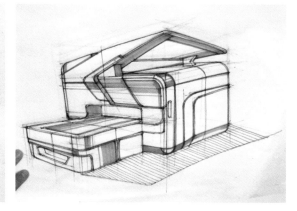

3. 使用浅灰色马克笔将产品的明暗交界线画出，这也可以很好地区分亮面和暗面，分析产品的光源

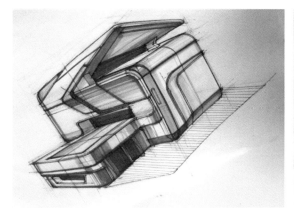

4. 使用深灰色马克笔绘制暗部，勿用黑色马克笔上色，没有通透感。使用不同色号灰色马克笔分层绘制，使产品有层次感

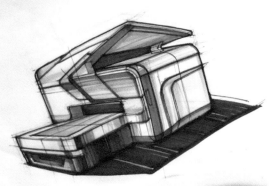

5. 整体造型基本绘制完成，在产品的暗部下面，我们可以给产品绘制产品阴影

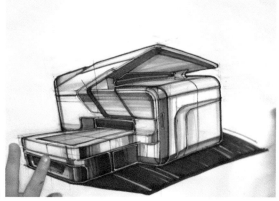

6. 利用高光笔给产品的转折处，分模线处以及顶角处绘制高光，让产品更逼真

产品的材料要素
塑料
表现范例五

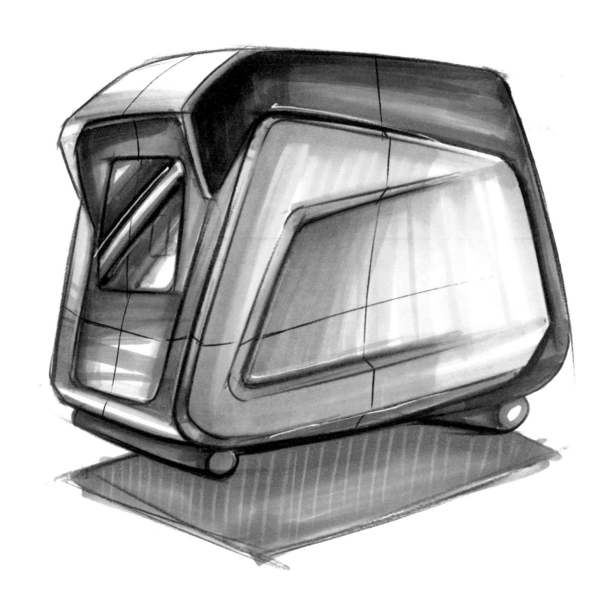

产品的材料要素
塑料
表现范例五

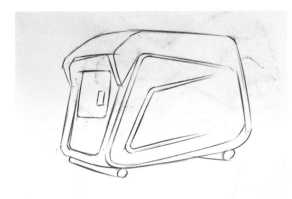

1. 首先使用铅笔绘制产品的基本透视以及小部分的产品细节

2. 先使用马克笔将深色部分绘制完成

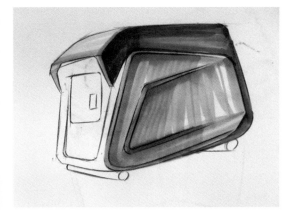

3. 使用绿色马克笔绘制产品侧面，使用不同色号的绿色来使产品更具层次感

4. 使用深灰色马克笔绘制产品的暗部

5. 使用深色马克笔来绘制产品的底座以及产品的显示屏，在绘制显示屏的时候，对比度要拉开

6. 最终绘制产品阴影，点上高光

产品的材料要素
塑料
表现范例六

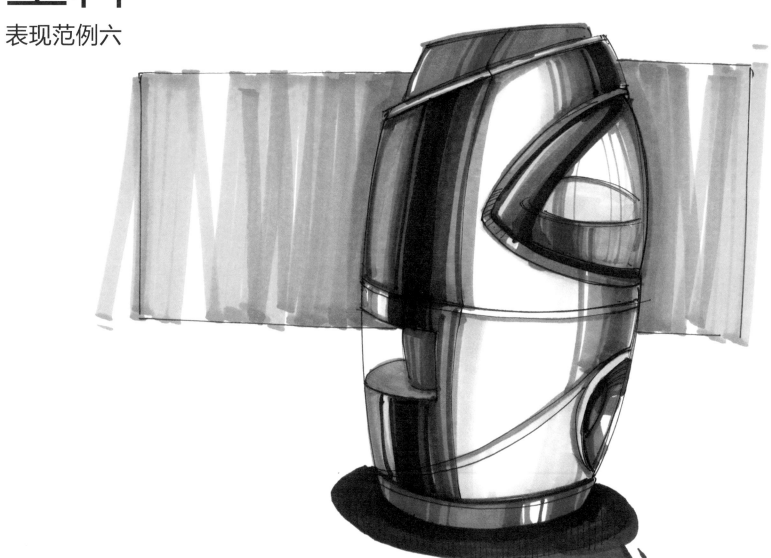

产品的材料要素
塑料
表现范例六

1. 首先使用针管笔绘制产品的基本透视，线条不需要画得太重，能看清楚即可

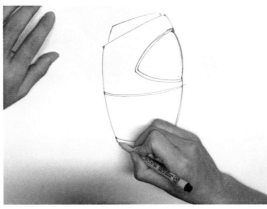

2. 使用针管笔描绘产品的细节部分，例如按键、折弯、分模线等

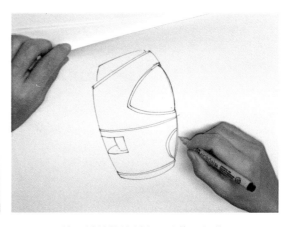

3. 使用针管笔绘制产品功能面细节

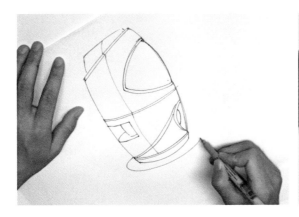

4. 使用针管笔绘制产品的阴影区域

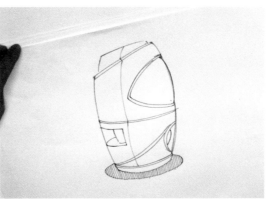

5. 使用针管笔将阴影部分排线填充

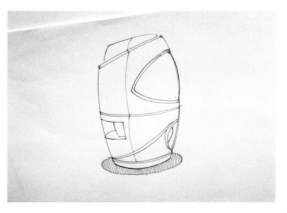

6. 使用针管笔绘制产品的结构线，最终完成线稿，为马克笔上色作准备

产品的材料要素
塑料
表现范例六

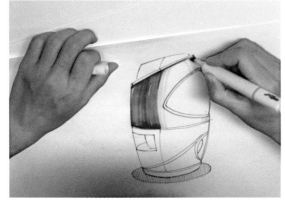

7. 使用浅灰色马克笔将产品上半部分的暗部绘制完成

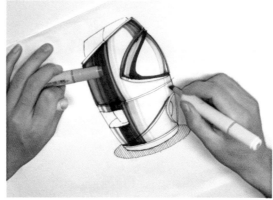

8. 使用马克笔将产品下半部分的暗部绘制完成，绘制时需分步骤多次叠加绘制，才会有层次感

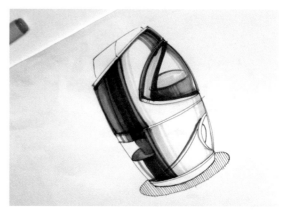

9. 使用蓝色马克笔绘制产品的局部细节

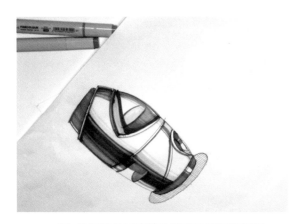

10. 使用橙色马克笔绘制产品的局部细节

11. 使用针管笔加深产品外部轮廓以及细节结构，然后绘制产品的背景部分，以突显产品整体

12. 将背景绘制成绿色，然后使用高光笔给产品绘制高光，产品绘制完成

产品的材料要素
塑料
表现范例七

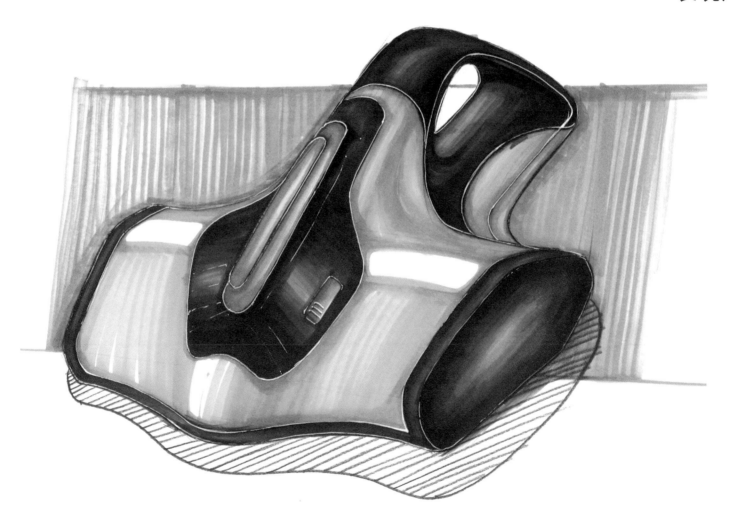

产品的材料要素
塑料
表现范例七

1. 首先使用铅笔绘制产品的基本透视，线条不需要画得太重，能看清楚即可

2. 使用铅笔不断对产品形态进行修正

3. 大形态结束之后，开始绘制产品的细节部分

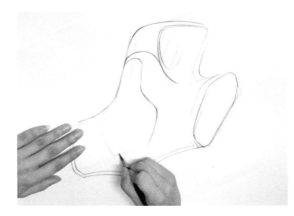

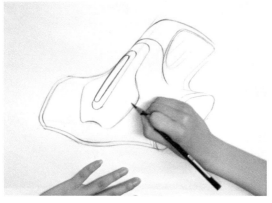

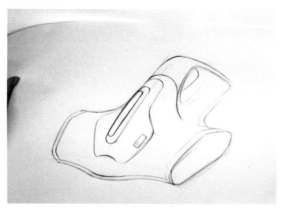

4. 在绘制产品细节部分时，可以考虑绘制一些辅助线和辅助点来更好地找准透视

5. 细节部分完成之后，开始加深一些主要的线条。让产品看上去更有层次感

6. 最终完成产品的线稿图

产品的材料要素
塑料
表现范例七

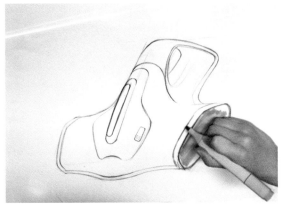

7. 首先使用灰色的马克笔，绘制产品的明暗交界线

8. 根据产品本身的色彩搭配，绘制相应的产品色调，同时把握产品的层次感

9. 暗面以及产品基本色调绘制完成

10. 使用绿色马克笔开始绘制主体形态，上色时要注意笔触的绘制方向，顺着曲面形态的结构线（曲线）上色

11. 产品的色彩部分初步完成，开始使用深灰色马克笔刻画产品的细节部分

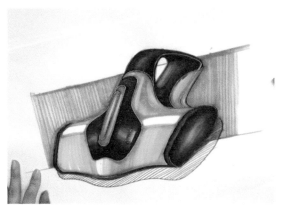

12. 色稿最终完成

产品的材料要素
塑料
表现范例八

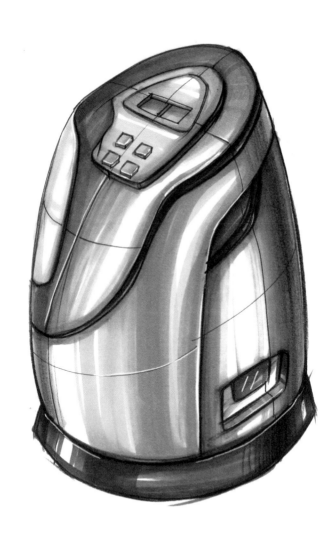

产品的材料要素
塑料
表现范例八

1. 首先使用铅笔绘制产品的基本透视，线条不需要画得太重，能看清楚即可

2. 使用铅笔描绘产品的细节部分，例如按键、折弯、分模线等

3. 继续增加细节，强化轮廓，为下一步马克笔上色作准备

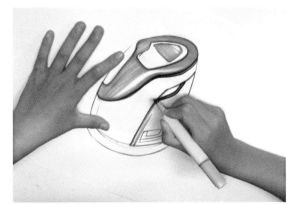

4. 使用深灰色马克笔绘制产品的暗部，勿用黑色（将导致色调不通透）。应使用不同色号的深灰色马克笔分层绘制，令产品具备层次感

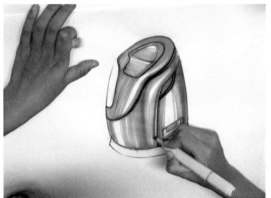

5. 使用蓝色马克笔绘制产品的主色调，绘制时，马克笔需要跟着产品的曲面结构线走，这样产品绘制出来才会更立体

6. 利用高光笔给产品的转折处、分模线与顶角绘制高光

产品的材料要素
塑料
表现范例九

产品的材料要素
塑料
表现范例九

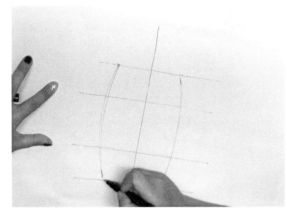

1. 首先使用针管笔绘制产品的基本透视，线条不需要画得太重，能看清楚即可

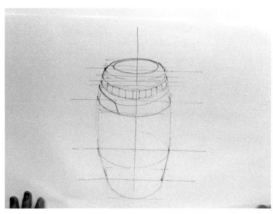

2. 使用针管笔描绘产品顶盖

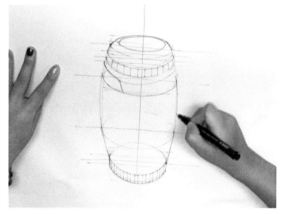

3. 使用针管笔绘制产品的底盖

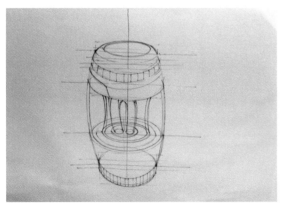

4. 使用针管笔绘制产品的中间部分

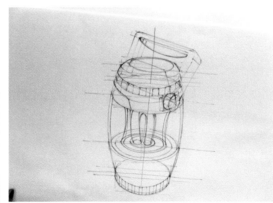

5. 绘制产品的把手

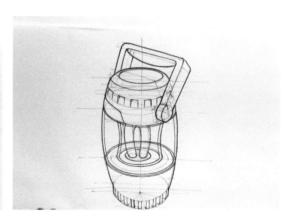

6. 对产品外部轮廓进行描边处理

产品的材料要素
塑料
表现范例九

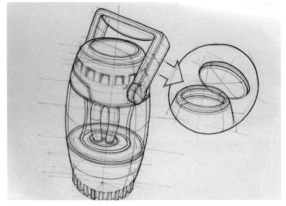

7. 对整个产品进行描边，细节刻画，同时绘制一个局部放大图，更好地理解产品的功能和结构

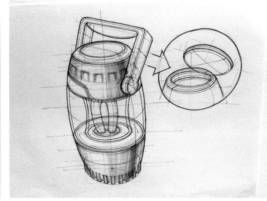

8. 使用针管笔描绘产品的细节部分，例如按键、折弯、分模线等，为下一步马克笔上色作好准备

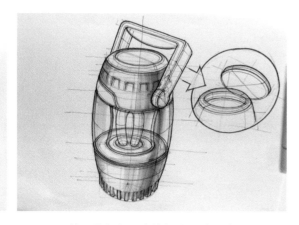

9. 使用浅灰色马克笔将产品的明暗交界线画出，这也可以很好地区分亮面和暗面，分析产品的光源

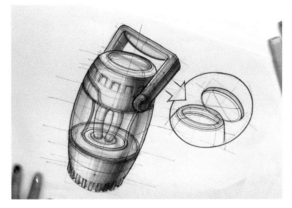

10. 使用深灰色马克笔绘制产品的暗部，勿用黑色马克笔上色

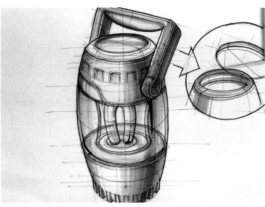

11. 整体造型基本绘制完成，在产品的暗部下面绘制产品阴影

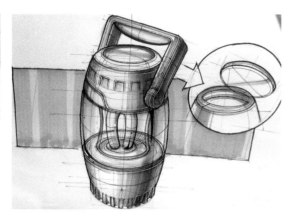

12. 利用高光笔给产品的转折处、分模线及顶角绘制高光，让产品显得更加逼真

产品的材料要素
塑料
表现范例十

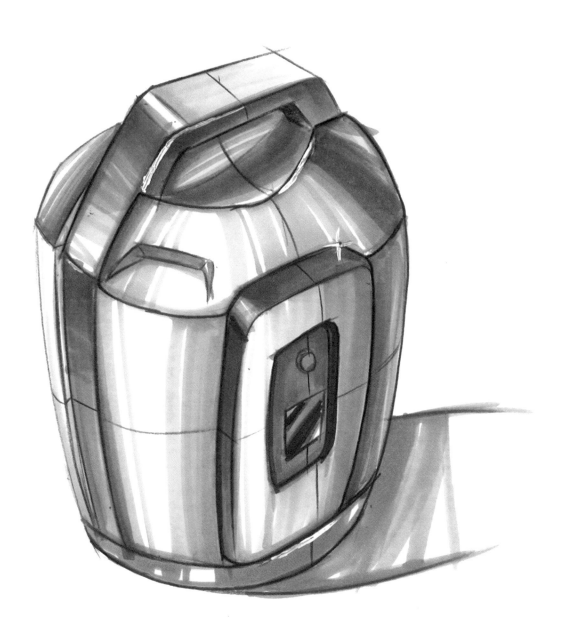

产品的材料要素
塑料
表现范例十

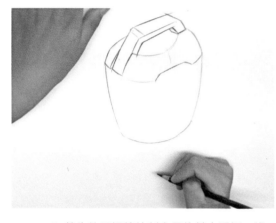

1. 首先使用铅笔绘制产品的基本透视，线条不需要画得太重，能看清楚即可

2. 使用铅笔描绘产品的细节部分，如按键、折弯、分模线等。为下一步马克笔上色作好准备

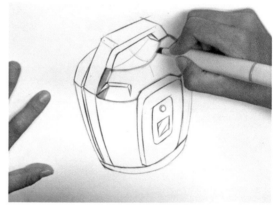

3. 使用绿色马克笔绘制产品的明暗交界线，这也可以很好地区分亮面和暗面，分析产品的光源

4. 使用深灰色马克笔绘制产品的暗部，不要直接用黑色马克笔上色

5. 对产品的细节部分进行绘制

6. 利用高光笔给产品的转折处、分模线处以及顶角处绘制高光，让产品显得更加逼真

产品的材料要素
塑料
表现范例十一

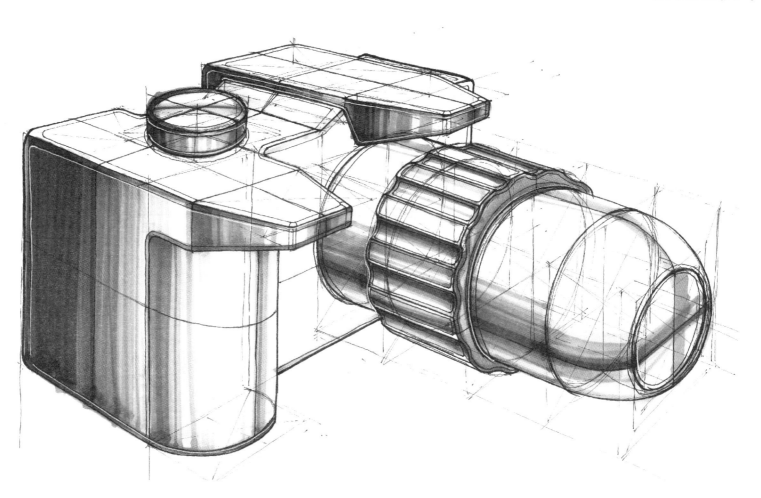

产品的材料要素
塑料
表现范例十一

1. 首先使用针管笔绘制产品的基本透视，线条不需要画得太重，能看清楚即可

2. 使用针管笔描绘产品的镜头部分，在这个部分需要绘制很多圆，可以使用辅助线和辅助点来完成

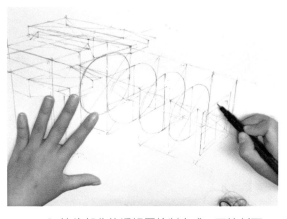

3. 镜头部分的透视图绘制完成，开始刻画细节

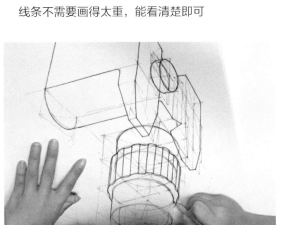

4. 通过加深外部轮廓以及细节的曲面绘制，使得产品的形态初见雏形

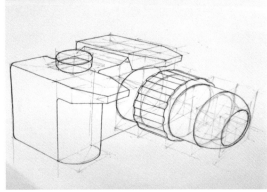

5. 整体造型基本绘制完成，继续勾画产品的外部轮廓线

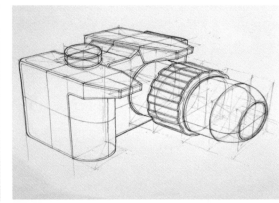

6. 使用针管笔绘制产品细节，增加产品的层次感和厚度以及产品的边缘倒角，最终完成线稿

产品的材料要素
塑料
表现范例十一

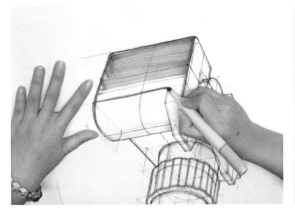

7. 使用浅灰色马克笔来铺设整个产品的大色调

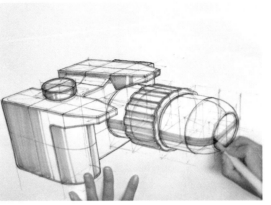

8. 使用浅灰色的马克笔来绘制镜头部分的明暗交界线

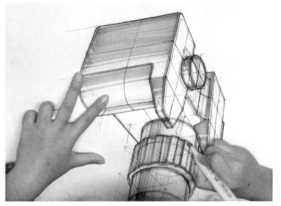

9. 使用浅灰色马克笔来绘制局部的曲面部分

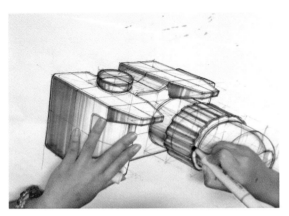

10. 使用深灰色马克笔绘制产品的暗部，不要直接用黑色马克笔上色，那样没有通透感

11. 使用深灰色马克笔将摄像机的其他部分进行深度刻画

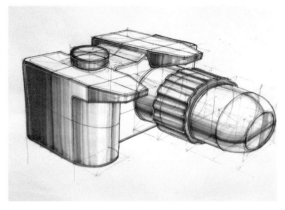

12. 利用高光笔给产品的转折处、分模线及顶角绘制高光，色稿绘制完成

产品的材料要素
塑料
表现范例十二

产品的材料要素
塑料
表现范例十二

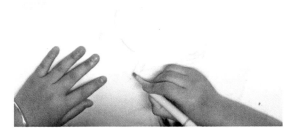

1. 用浅灰马克笔定出订书机大致位置

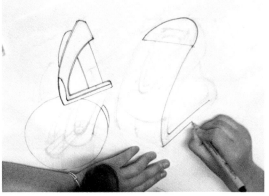

2. 再用针管笔在马克笔的基础上勾线。本次将进行两个角度的绘制

3. 继续深化线稿，增加分模线、厚度、结构线

4. 画上局部细节换放大图

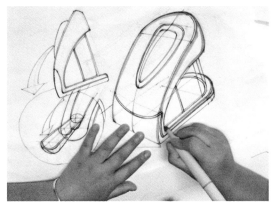

5. 用马克笔勾画轮廓线

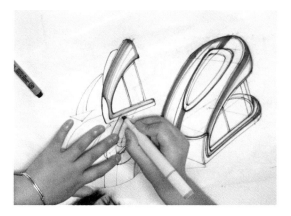

6. 着重加深明暗交界的轮廓线，并进行一些扩展

产品的材料要素
塑料
表现范例十二

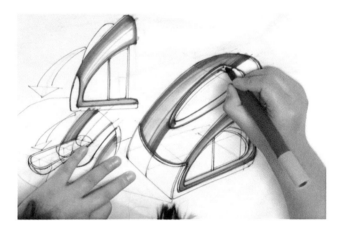

7. 用浅色号蓝色上灰面部位

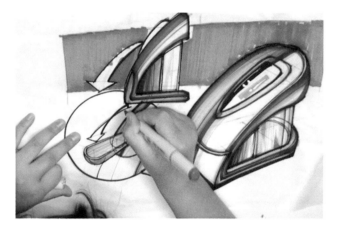

8. 黑色马克笔加深轮廓线，距离近的着重
加深，增强产品立体感。加上背景突出主体

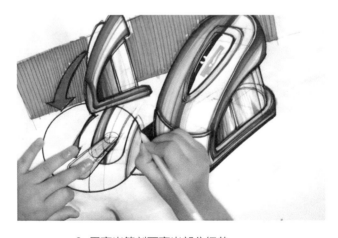

9. 用高光笔刻画高光部分细节

10. 完成终稿

产品的材料要素
塑料
表现范例十三

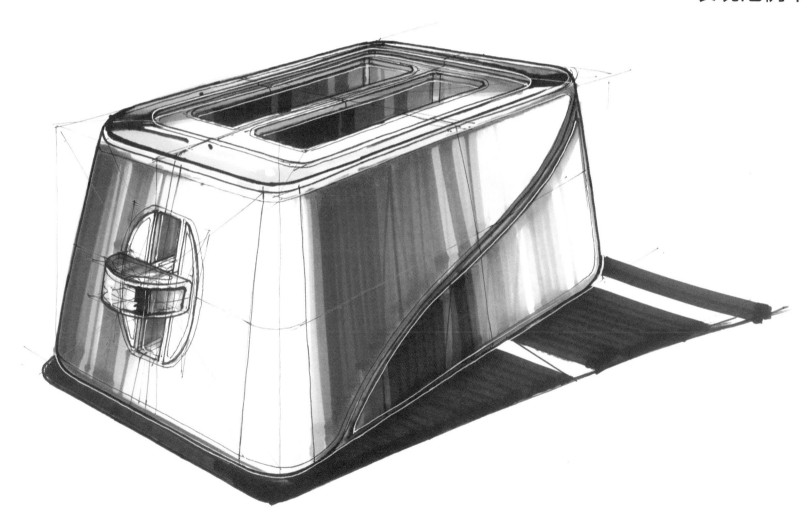

产品的材料要素
塑料
表现范例十三

1. 用针管笔定位出面包机的主体形态

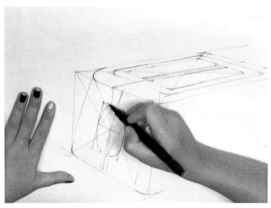

2. 通过点来定位，并进行连线，形态初步呈现

3. 用粗号针管笔明确轮廓线，并增强厚度感

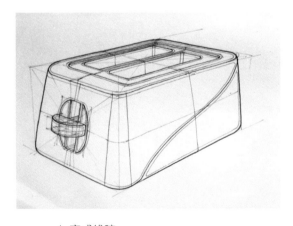

4. 完成线稿

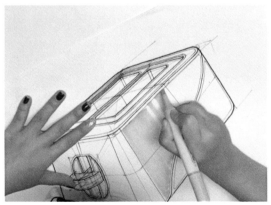

5. 从大面开始上色，沿同一方向进行排线。注意光阴和疏密

6. 用橙色覆盖在深一些的暗面处

产品的材料要素
塑料
表现范例十三

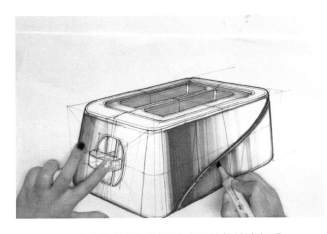

7. 上灰色面，在明暗交界线处注意加重，并在亮处适当留白

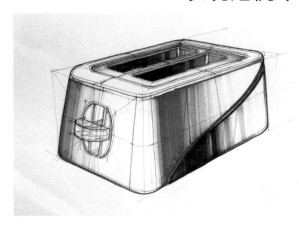

8. 暗部用深色马克笔继续加深

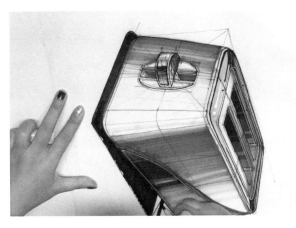

9. 亮面稍加上色，并点高光笔。在与面包机左侧面平行的角度进行排线绘制投影

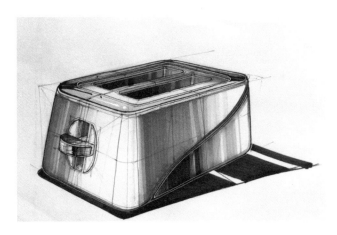

10. 完成终稿

产品的材料要素
木材

木质纹理，线稿刻画

平时多观察木质纹理的相关图片和现实中的木板纹理

木质纹理，色稿刻画

① 马克笔铺两次，呈现对比
② 马克笔涂一层，颜色干后，在间隙处涂第二层，颜色干后，用细端勾纹理线，加层次，最后点缀木纹坑点
③ 黄色马克笔铺大面，细头棕色马克笔描线，最后用棕色彩铅刻画细节

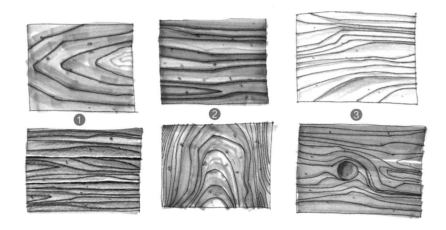

产品的材料要素
木材
表现范例一

产品的材料要素
木材
表现范例一

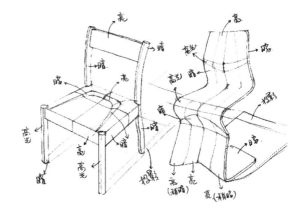

分析亮部暗部留白，铅笔划分区域

第一层，铺基色、亮部、暗部

第二层，铺暗部，给亮部增加层次

用暖灰和浓黄增加暗部和亮部层次

增加杂点，增加高光点，黑色彩铅强
化轮廓和杂点

增加投影

产品的材料要素
木材
表现范例二

产品的材料要素
木材
表现范例二

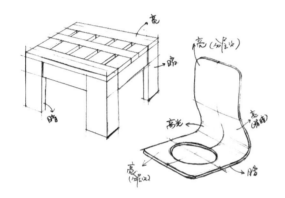

分析亮部暗部留白，铅笔划分区域

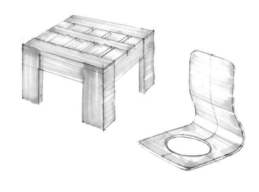

针对亮部暗部铺基色

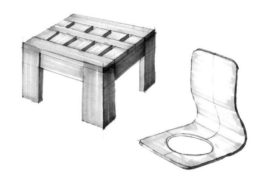

第二层，铺暗部，同时增加亮部层次

用暖灰和浓黄分别增加暗部和亮部层次

继续增加层次

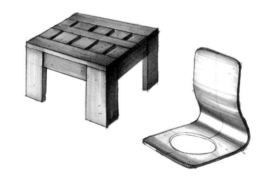

黑色彩铅强化轮廓。增加渐变过渡、
轮廓和杂点

产品的材料要素
木材
表现范例二

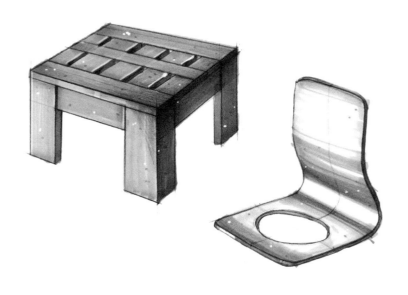

增加高光点

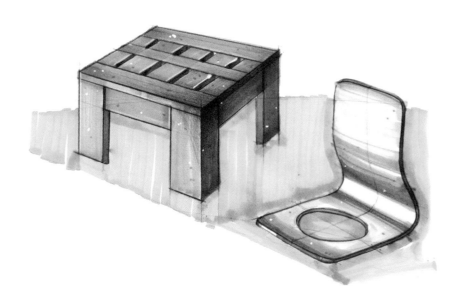

增加背景色块

产品的材料要素
木材
表现范例三

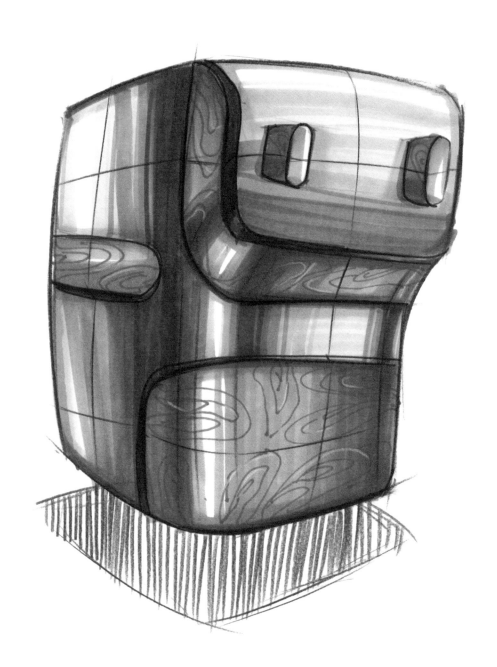

产品的材料要素
木材
表现范例三

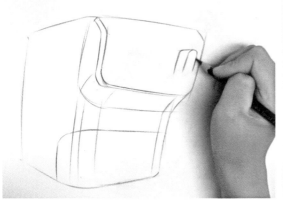

1. 首先使用铅笔绘制产品的基本透视，线条不需要画得太重，能看清楚即可

2. 使用铅笔描绘产品的细节部分，例如按键、折弯、分模线等。为下一步马克笔上色作好准备

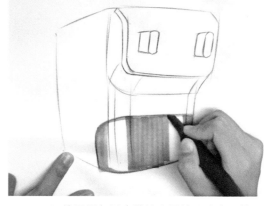

3. 使用褐色马克笔将产品的明暗交界线画出，这也可以很好地区分亮面和暗面，分析产品的光源

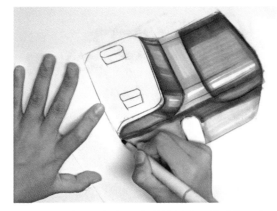

4. 使用深灰色马克笔绘制产品的暗部，勿用黑色马克笔上色，那样没有通透感

5. 对产品的细节部分进行绘制

6. 使用深褐色马克笔绘制木纹，利用高光笔给产品的转折处、分模线及顶角绘制高光，让产品显得更加逼真

产品的材料要素
木材

表现范例四

产品的材料要素
木材
表现范例四

1. 定位出台灯的主体形态

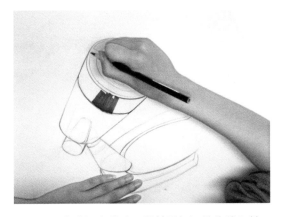

2. 完成初步线稿，并着重加深结构线和轮廓线

3. 用棕色马克笔先铺中性面，用更深的马克笔加深阴面

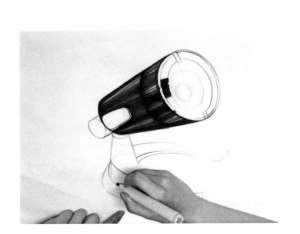

4. 进行灰面的上色

5. 先上中性面

6. 选用深色号的马克笔绘制底部金属效果

产品的材料要素
木材
表现范例四

7. 继续深化台灯颈部亮部质感

8. 用深色刻画阴影部分

9. 灯芯部分用相同方法进行刻画。并上高光笔

10. 画出阴影部分的轮廓

11. 用橙色铺背景，突出主体

12. 完成

产品的材料要素
木材
表现范例五

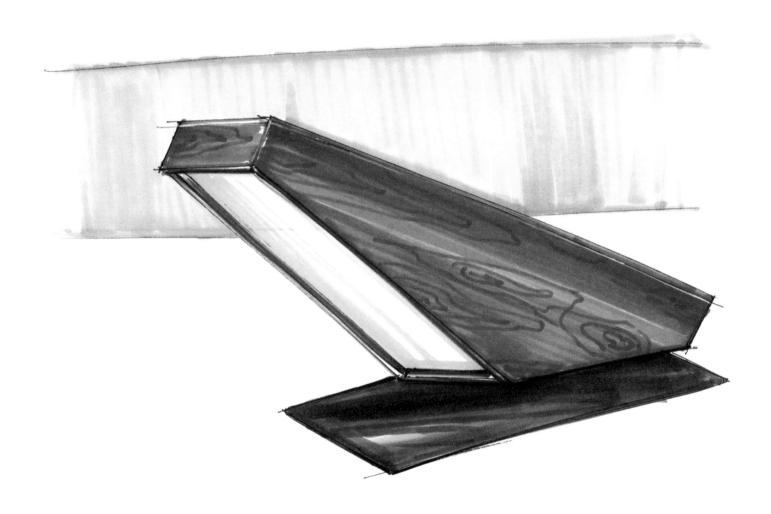

产品的材料要素
木材
表现范例五

1. 用针管笔定位出灯具的主体形态

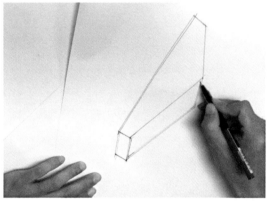

2. 深化局部，增加厚度

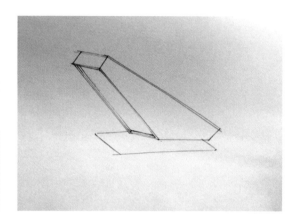

3. 继续深化，画出阴影范围，完成线稿

4. 选用接近木色的棕色进行上色

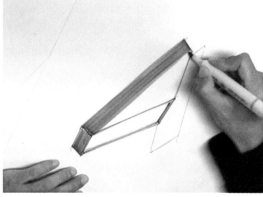

5. 注意排线的秩序以及深浅，以体现木料的真实性

6. 灯光部分用黄色笔进行排线

产品的材料要素
木材
表现范例五

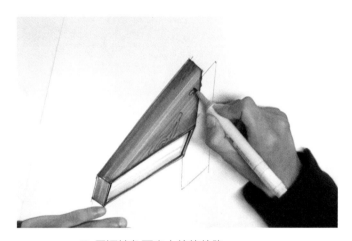

7. 用深棕色画出木纹的纹路

8. 在之前画好的阴影框内用灰色马克笔进行上色。先匀涂，后在阴影深色处加重

9. 用浅灰马克笔加上背景

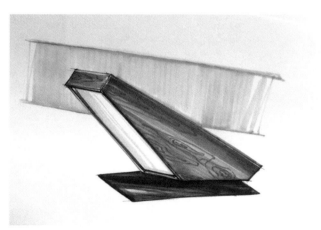

10. 完成终稿

产品的材料要素
木材
表现范例六

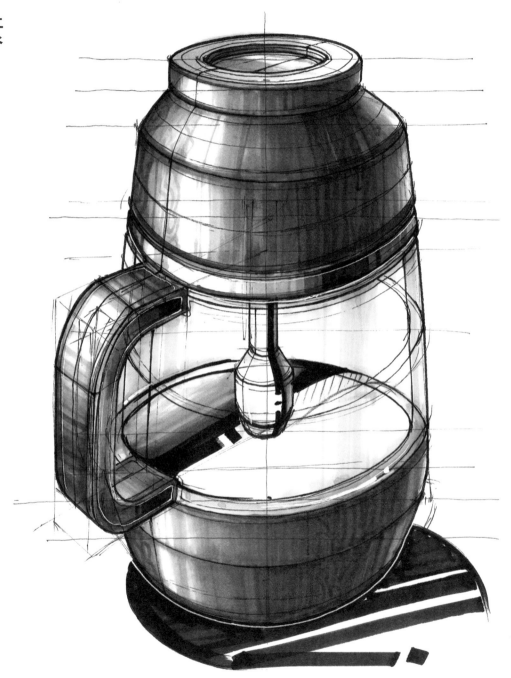

产品的材料要素
木材
表现范例六

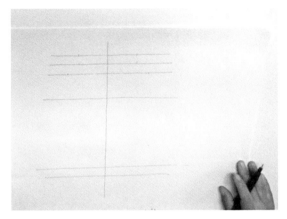

1. 首先使用针管笔绘制产品的基本透视，线条不需要画得太重，能看清楚即可

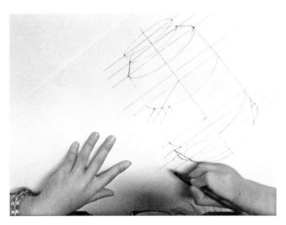

2. 使用针管笔描绘产品的细节部分，例如按键、折弯、分模线等

3. 使用勾线笔绘制深化外部轮廓

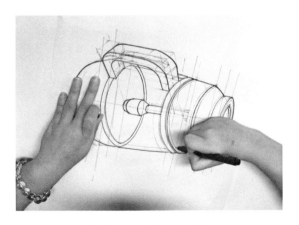

4. 使用针管笔刻画产品的细节

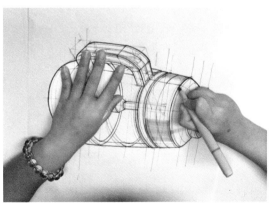

5. 使用褐色马克笔绘制产品的明暗交界线

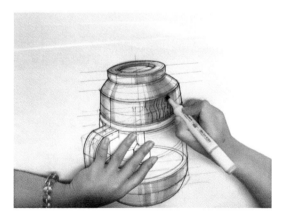

6. 使用深褐色的马克笔绘制木纹

产品的材料要素
木材
表现范例六

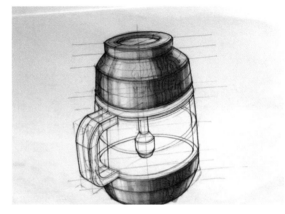

7. 木制部分绘制结束

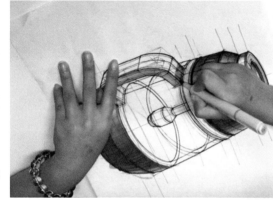

8. 使用灰色马克笔绘制产品的把手

9. 使用深灰色马克笔铺设暗面

10. 使用浅蓝色的马克笔，绘制产品中间
部分，体现玻璃质感

11. 绘制产品的灯芯部分

12. 利用高光笔给产品的转折处、分模线
及顶角绘制高光，让产品显得更加逼真

产品的材料要素
木材
表现范例七

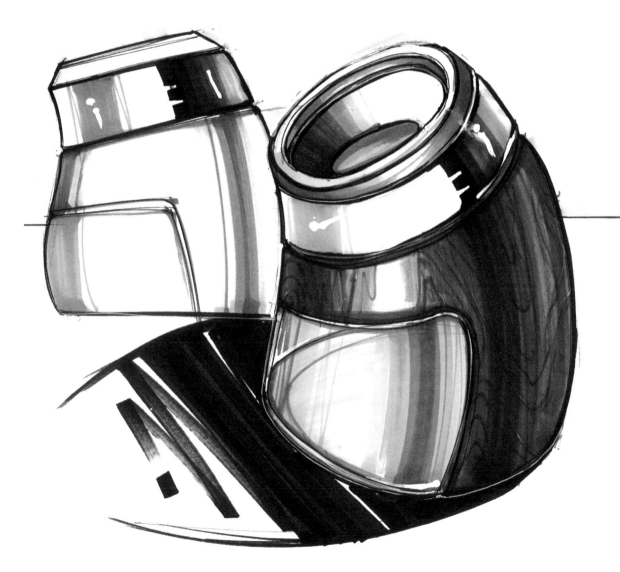

产品的材料要素
木材
表现范例七

1. 首先使用针管笔绘制几条基本的辅助线，线条不需要画得太重，能看清楚即可

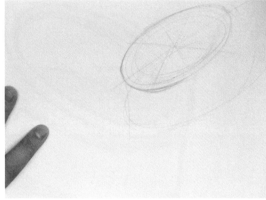

2. 在辅助线的基础上增加辅助点，开始绘制一个椭圆形

3. 继续绘制瓶身

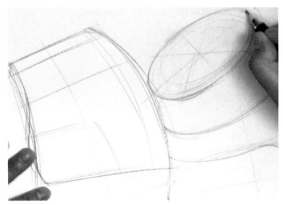

4. 增加细节结构

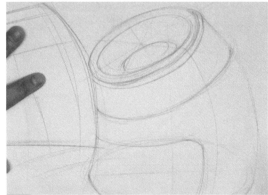

5. 细节结构绘制完成

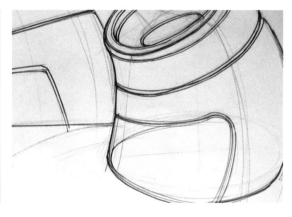

6. 利用针管笔勾画大形，为上色作准备

产品的材料要素
木材
表现范例七

7. 使用褐色马克笔绘制明暗交接线

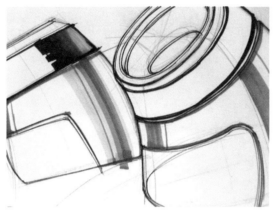

8. 使用浅褐色的马克笔绘制过渡面

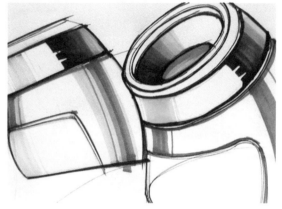

9. 使用浅蓝色马克笔绘制产品的亮面

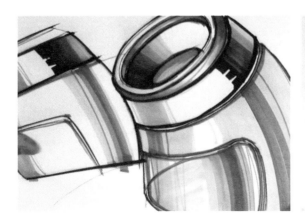

10. 开始深化产品色调的细节

11. 绘制木纹

12. 色稿完成

产品的材料要素
金属
表现范例一

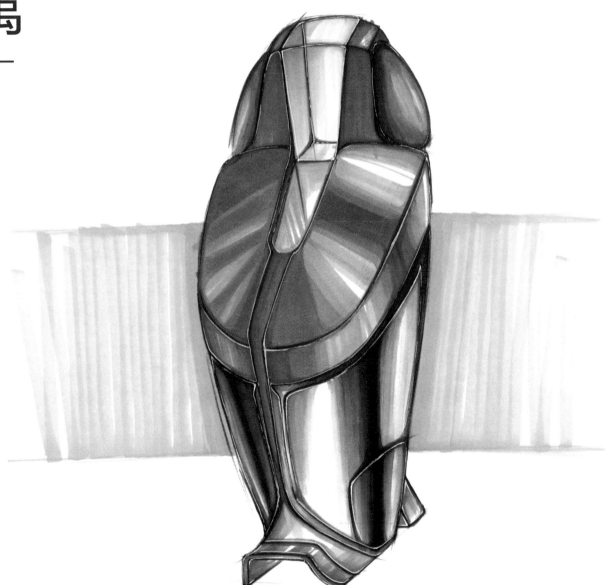

产品的材料要素
金属
表现范例一

1. 首先使用铅笔绘制产品的基本透视，线条不需要画得太重，能看清楚即可

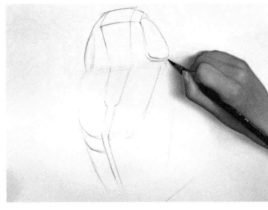

2. 继续刻画细节形态

3. 绘制产品的分模线等细节

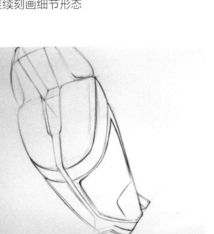

4. 绘制产品的透视图

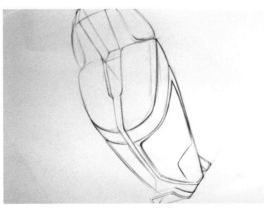

5. 线稿完成

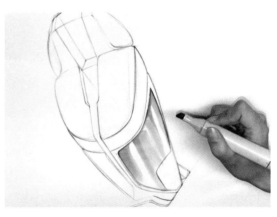

6. 使用灰色马克笔上色

产品的材料要素
金属
表现范例一

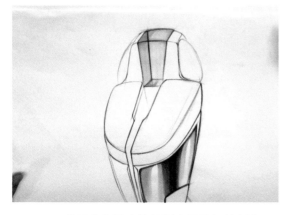

7. 使用蓝色马克笔绘制产品的细节部分，注意受光面和背光面的区分

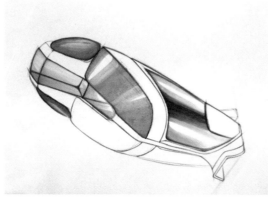

8. 使用橘黄色马克笔绘制金属面，在绘制的过程中，注意使用高对比度的绘制方式，体现金属质感

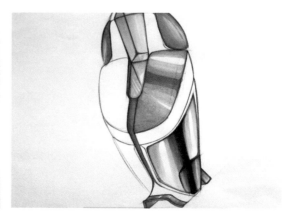

9. 继续深化

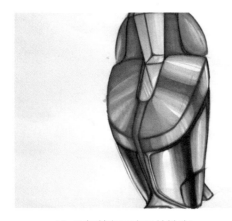

10. 用铅笔勾画产品外轮廓

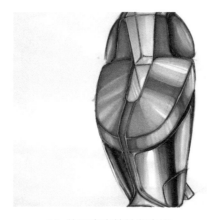

11. 使用高光笔绘制高光

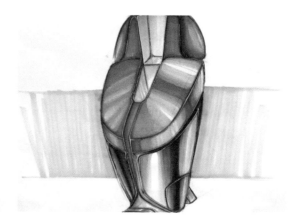

12. 绘制背景，色稿完成

产品的材料要素
金属
表现范例二

产品的材料要素
金属
表现范例二

1. 用铅笔画出刀具后背曲线

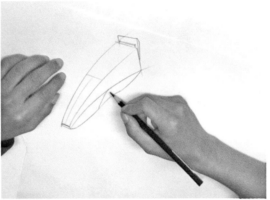

2. 完成轮廓和结构的基本形态

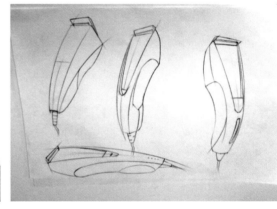

3. 绘制多角度的方案，继续深化大体形态

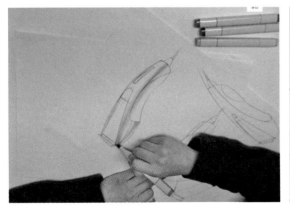

4. 从明暗交界线开始上灰色

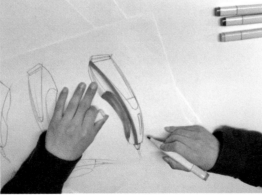

5. 用深色号的马克笔继续上把套的颜色，
并着重刻画明暗交界线

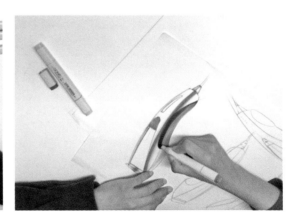

6. 加深把套的暗面颜色

产品的材料要素
金属
表现范例二

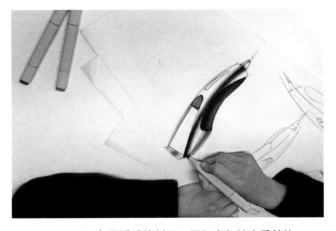

7. 金属质感的刻画，用和底色较大反差的
深灰加深明暗交界线，并注意过渡的细节

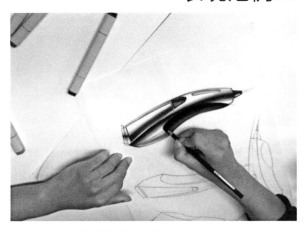

8. 用铅笔再次勾勒轮廓线，深化边缘

9. 用高光笔刻画凹凸处反光的细节

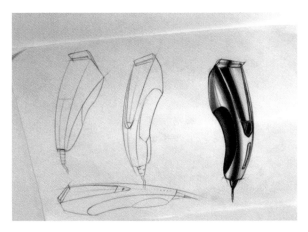

10. 完成终稿

产品的材料要素
金属
表现范例三

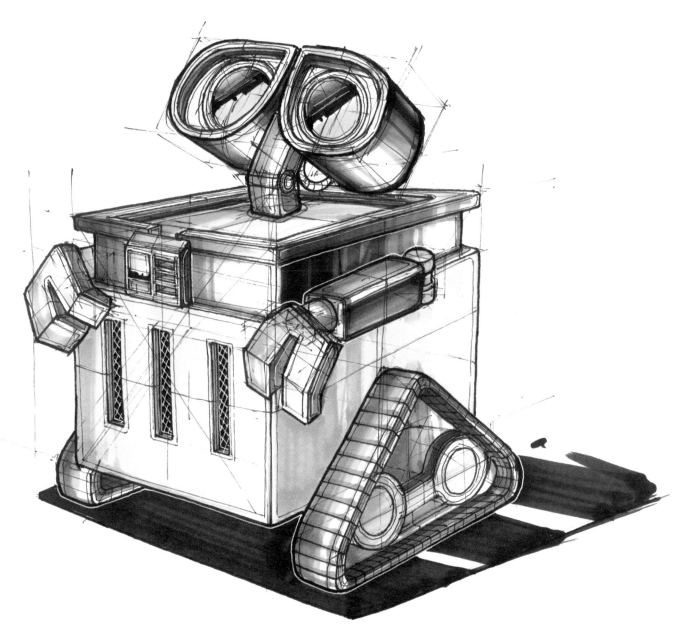

产品的材料要素
金属
表现范例三

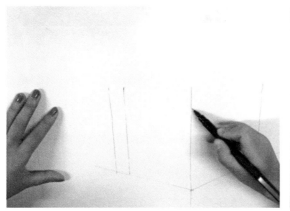

1. 用针管笔定位出机器人的主体形态

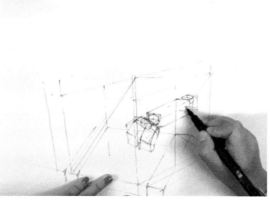

2. 利用几何体的切割深化局部

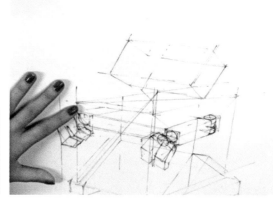

3. 继续深化大体形态

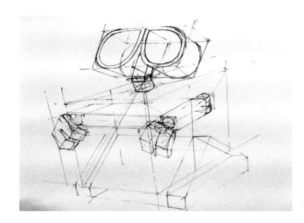

4. 勾画眼部结构。可以利用几何体辅助透视

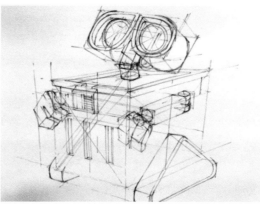

5. 完成初步线稿

6. 继续深化线稿，用马克笔勾画轮廓线

产品的材料要素
金属
表现范例三

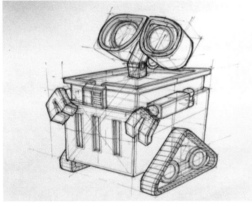

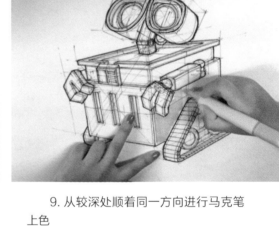

7. 勾画其他细节，体现出形态的厚重感和立体感

8. 完成线稿

9. 从较深处顺着同一方向进行马克笔上色

10. 根据材质特性，体现出金属质感。注意高光的表现，并完成灰面上色

11. 用更深的灰色深化暗面阴影

12. 用细头马克笔刻画眼部细节

产品的材料要素
金属
表现范例三

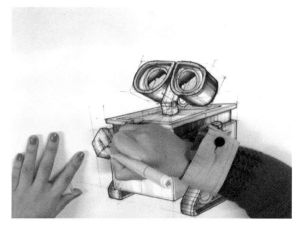

13. 先用浅蓝画出蓝色部位

14. 选用深蓝马克笔在浅蓝上叠加，刻画阴影部分，强化立体感

15. 用高光笔刻画丝网高光部分细节，最后铺上阴影

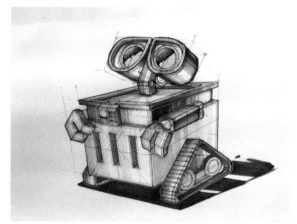

16. 完成终稿

产品的材料要素
金属
表现范例四

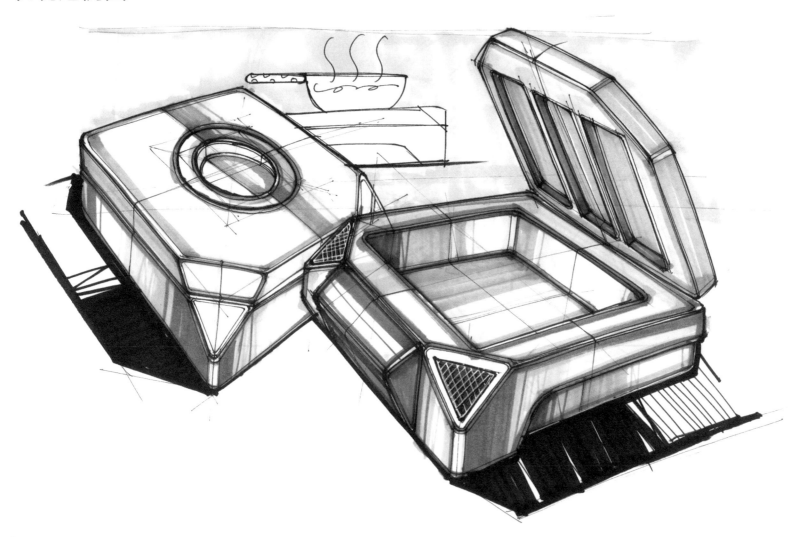

产品的材料要素
金属
表现范例四

1. 首先使用针管笔绘制产品的基本透视，线条不需要画得太重，能看清楚即可

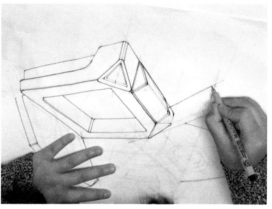

2. 使用针管笔继续绘制产品的基本形态

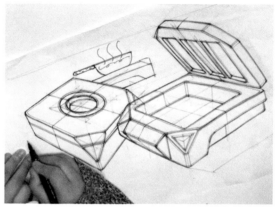

3. 基本完成产品的初步形态

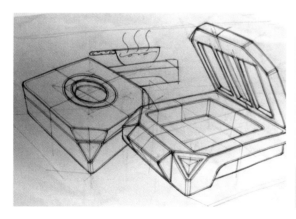

4. 细节刻画产品的形态，为下一步马克笔上色作准备

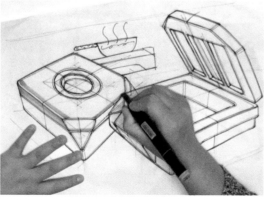

5. 使用浅灰色马克笔绘制产品明暗交界线

6. 使用浅灰色马克笔绘制产品明暗交界线

产品的材料要素
金属
表现范例四

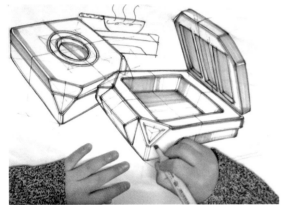

7. 使用橙色马克笔绘制产品的主色调

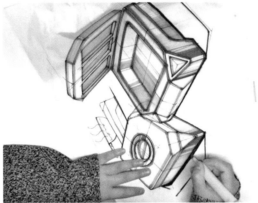

8. 使用黄色绘制产品的亮面

9. 使用蓝色绘制产品的局部

10. 使用针管笔绘制产品的细节部分

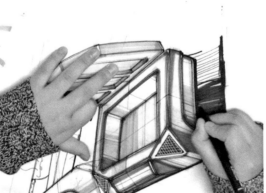

11. 为产品绘制阴影部分

12. 色稿绘制完成

产品的材料要素
金属
表现范例五

产品的材料要素
金属
表现范例五

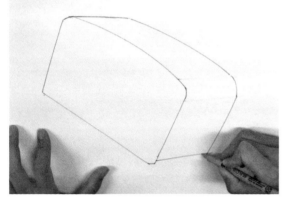

1. 首先使用针管笔绘制产品的大概形态

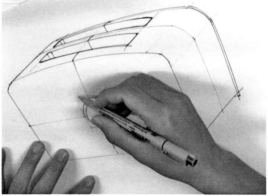

2. 继续深入刻画产品的细节形态

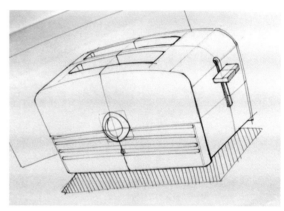

3. 使用针管笔绘制按钮和功能面

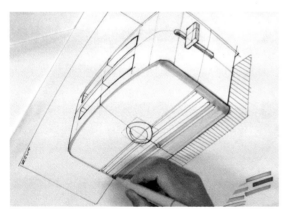

4. 使用蓝色马克笔绘制功能面

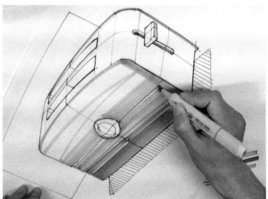

5. 继续深化马克笔上色

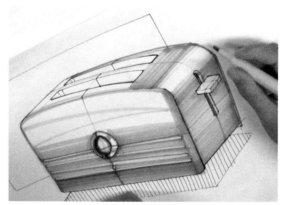

6. 使用灰色马克笔绘制产品的金属面

产品的材料要素
金属
表现范例五

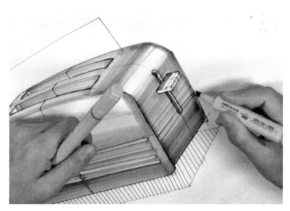

7. 使用深色马克笔绘制产品的暗部

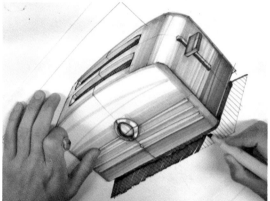

8. 绘制产品的阴影部分

9. 绘制产品的背景

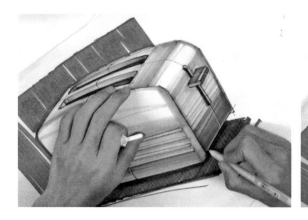

10. 使用高光笔绘制产品的分型线以及转折处

11. 继续使用马克笔绘制细节部分，让产品变得更有层次感

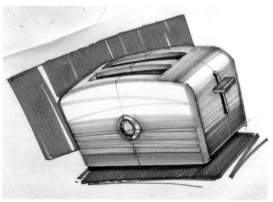

12. 色稿完成

卷四设计 05 啥风格

产品的风格要素
刚硬
表现范例一

产品的风格要素
刚硬
表现范例一

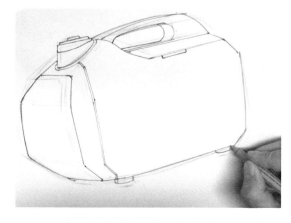

1. 首先我们进行基础形态的描绘，用针管笔对其进行大致形态的描绘

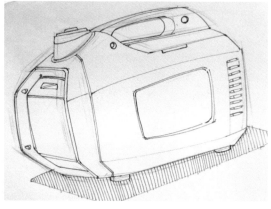

2. 对物体形态进行细致的勾画，最终出现线稿的主效果图

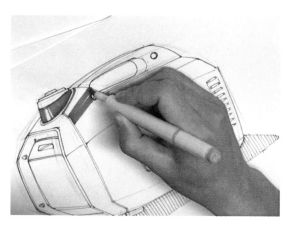

3. 在勾完线稿后，对线稿进行马克笔上色

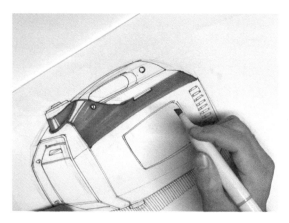

4. 根据产品的肌理，对其进行马克笔的初步上色

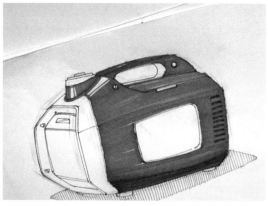

5. 马克笔初步上色后，对产品进行阴影的描绘

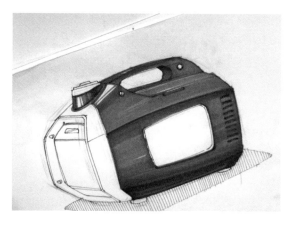

6. 用另外的不同色号的马克笔对产品进行阴影的进一步加深

产品的风格要素
刚硬
表现范例一

7. 用灰色的马克笔对产品的另一面进行上色，根据其光源所在位置和产品的肌理用马克笔进行初步的阴影绘制

8. 考虑光源的所在位置，对产品整体的阴影进行绘画

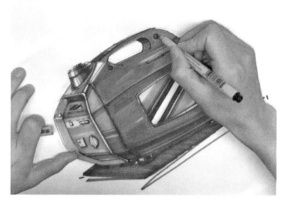

9. 用针管笔对产品进行部分细节的绘制，其部分阴影可以用针管笔画出

10. 用高光笔对产品的部分细节进行绘制

11. 最后对产品进行辅助线的绘制

12. 最终效果图

产品的风格要素
刚硬
表现范例二

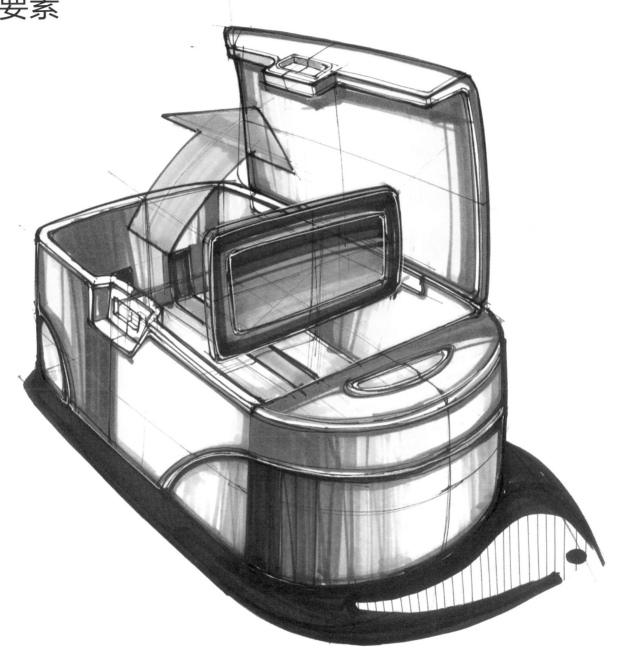

产品的风格要素
刚硬
表现范例二

1. 对产品进行初步的草图绘制

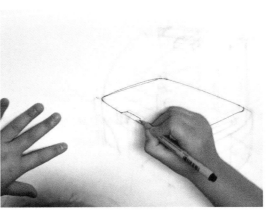

2. 用针管笔勾画产品形态

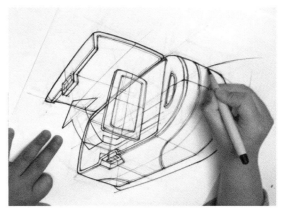

3. 勾画完形状细节后，用针管笔加粗产品轮廓

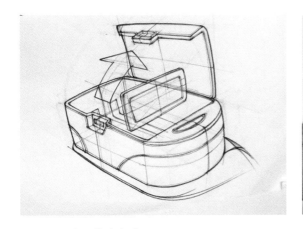

4. 产品线稿完成

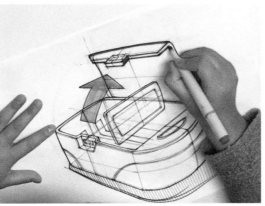

5. 用马克笔对产品的部分配件进行勾边

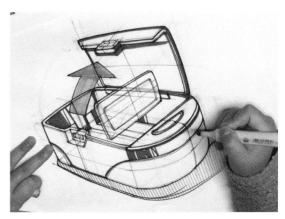

6. 判断光源位置，根据产品肌理用马克笔对产品进行初步上色

产品的风格要素
刚硬
表现范例二

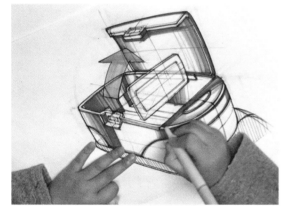

7. 用不同深浅的马克笔对产品进行初步的阴影平铺

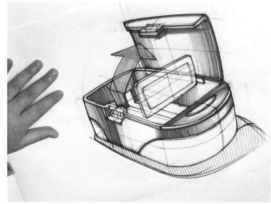

8. 马克笔初步效果图

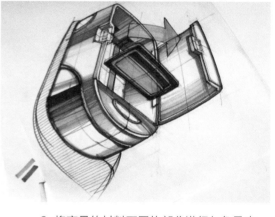

9. 将产品的材料不同的部分进行灰色马克笔的阴影描绘

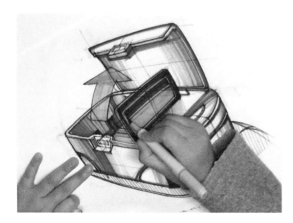

10. 根据光源，用深色号的马克笔对产品加重阴影

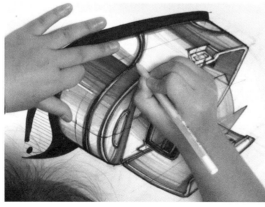

11. 用高光笔对产品进行高光的描绘

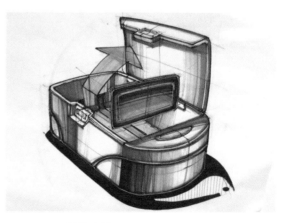

12. 最终主效果图

产品的风格要素
简洁
表现范例一

产品的风格要素
简洁
表现范例一

1. 用铅笔对产品形态进行初步打稿

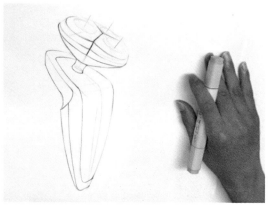

2. 产品的形态初步确定

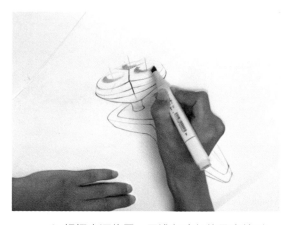

3. 根据光源位置，用浅色冷灰的马克笔对
铅笔勾勒的产品草图进行初步的上色

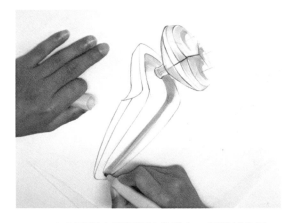

4. 对产品上更深层次的冷灰，展现其金属
质感

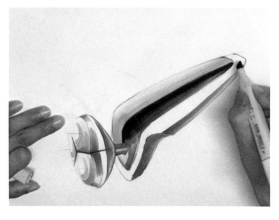

5. 上更深层次的灰色，让金属质感更明显

6. 用深色冷灰，将产品阴影与金属质感绘
制得更加准确

产品的风格要素
简洁
表现范例一

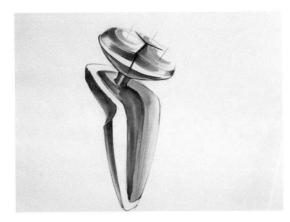

7. 产品金属质感效果图完成

8. 用蓝色马克笔对产品进行不同质感的上色

9. 判断产品的光源方向，用更深的蓝色马克笔对其进行色彩层次描绘

10. 对产品细节进行仔细的阴影描绘

11. 用黑色彩色铅笔对产品进行细节的勾勒

12. 最终主效果图

产品的风格要素
简洁
表现范例二

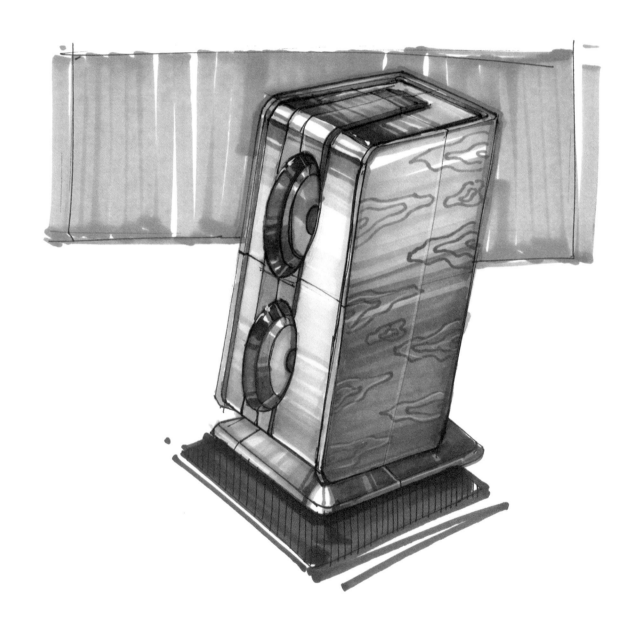

产品的风格要素
简洁
表现范例二

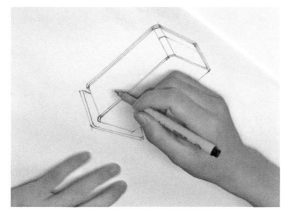

1. 用针管笔对产品外框进行初步的描绘

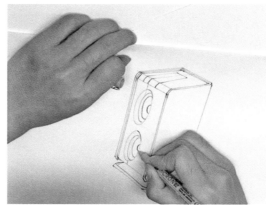

2. 用针管笔对产品进行细节部分的绘制

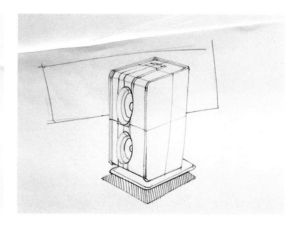

3. 产品线稿部分大致完成

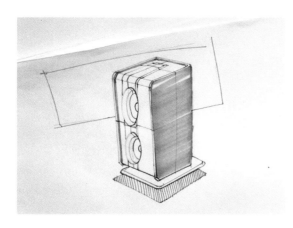

4. 根据产品的肌理对产品线稿进行平铺上色

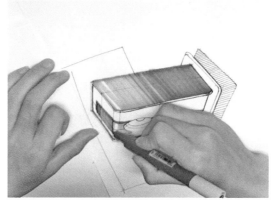

5. 判断光源，对产品进行阴影描绘，并进行细节处理

6. 用较深颜色的木色马克笔进行产品表面花纹的绘制

产品的风格要素
简洁
表现范例二

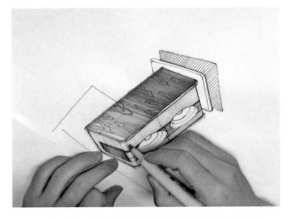

7. 用灰色的马克笔对产品进行金属质感的
绘制

8. 根据光源对产品进行细节阴影的绘制

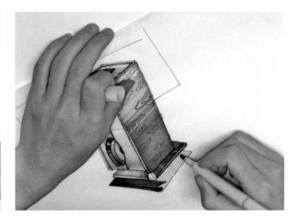

9. 用较深的灰色马克笔，对产品进行整体
阴影的绘制

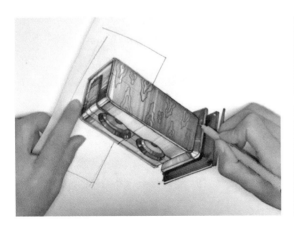

10. 在产品的阴影处，用针管笔对其进行
描边处理

11. 用较为强烈的对比色，对产品进行背
景的绘制，反衬产品

12. 最终主效果图

产品的风格要素
圆润
表现范例一

产品的风格要素
圆润
表现范例一

1. 产品草图大致外框的勾绘

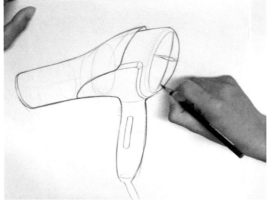

2. 大致细节部件的处理，以及中心辅助线的处理

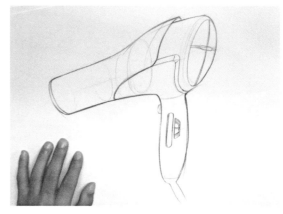

3. 产品线稿效果图完成

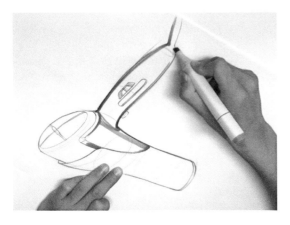

4. 判断光源，对产品进行金属质感的描绘

5. 对产品草图进行更深层次的灰色马克笔绘制，增加金属质感

6. 对产品细节进行阴影方面的处理

产品的风格要素
圆润
表现范例一

7. 判断光源,用不同颜色的马克笔,对产品的不同部件进行上色

8. 用高光笔进行产品细节的描绘

9. 产品出风口绘制

10. 产品整体效果图

修改范例一

从此页开始，笔者将选择部分在表现上暂时存在问题的作品进行讲解。

这些作品来自于工业设计专业的初学者，且都不具备美术基础。分析作品的主要症结之后，再进行修改。

修改过程中，

第一，会针对原图进行形态及其细节的调整与变化；

第二，有些修改图会针对原图进行亮部、暗部等分析；

第三，有些修改图只显示重新表现时的步骤流程。

原稿

问题：产品透视不准确，无体量感。

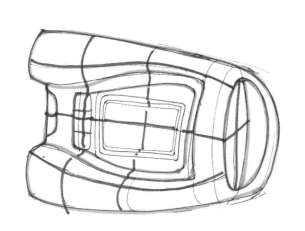

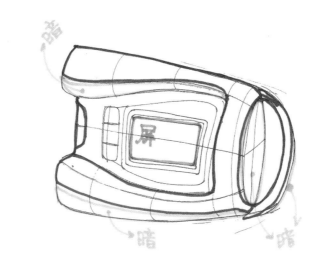

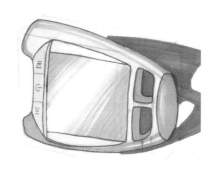

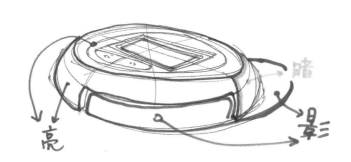

修改范例一

原稿

问题：产品透视不准确，无体量感。

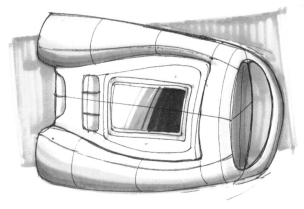

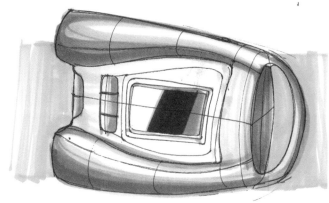

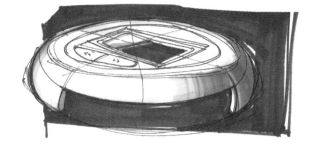

修改范例二

原稿

问题：马克笔在绘制时停顿纸面太久，导致留墨在画面上，影响美观度。且马克笔画线不流畅。

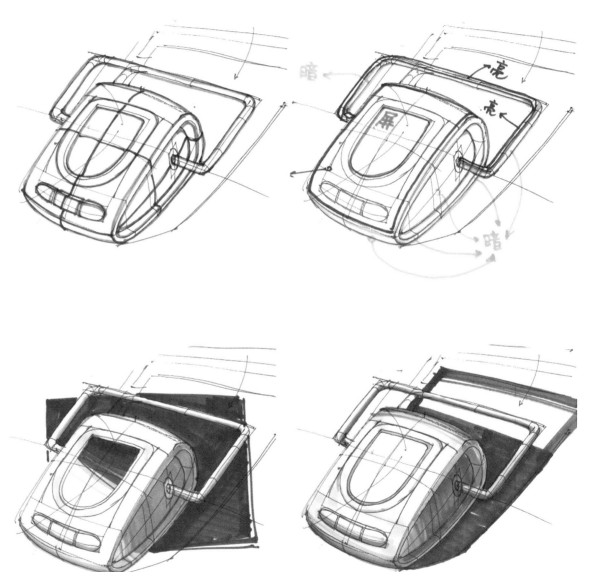

修改范例三

原稿

问题：产品透视不准确，无体量感。

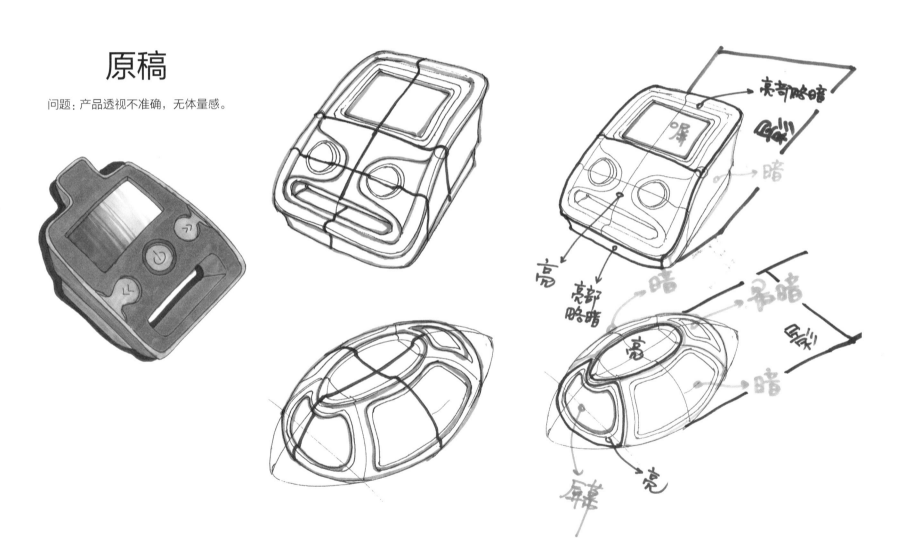

修改范例三

原稿

问题：产品透视不准确，无体量感。

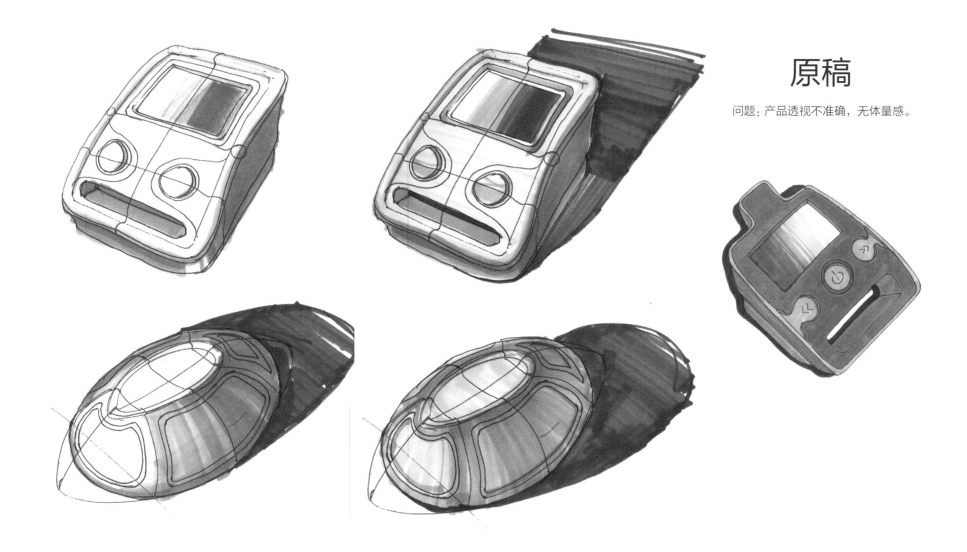

修改范例四

原稿

问题：按钮的体量感没有体现出来。

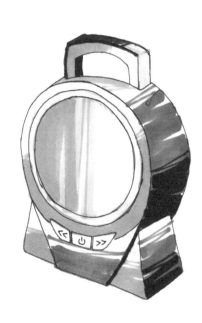

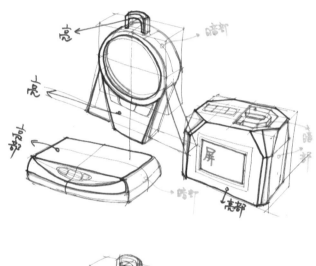

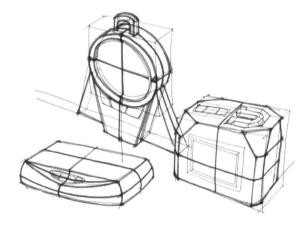

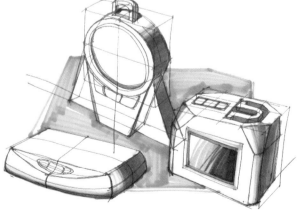

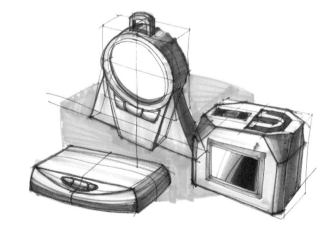

修改范例五

原稿

问题：透视不准确，产品线条太硬朗。

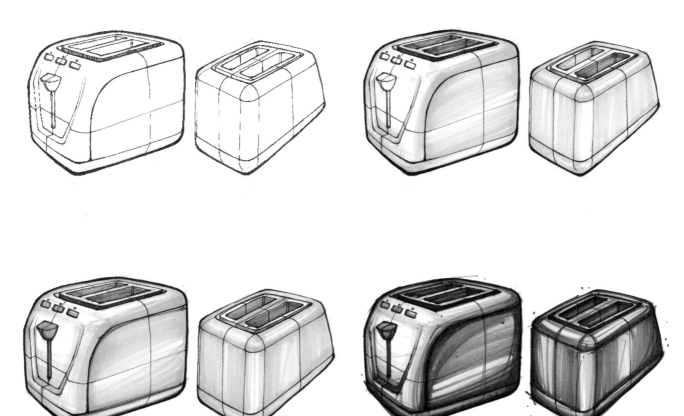

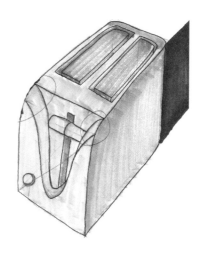

修改范例六

原稿

问题:透视略怪,运笔不畅,明暗不确定。

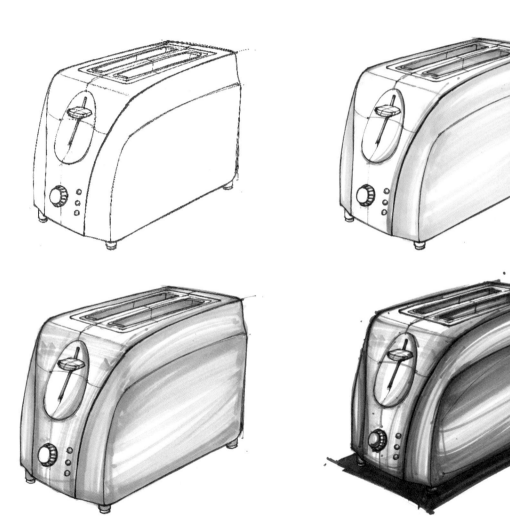

修改范例七

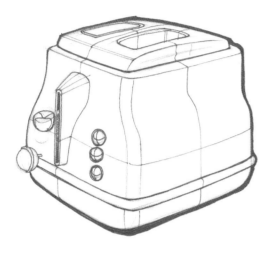

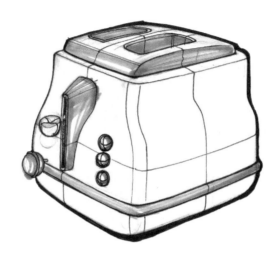

原稿

问题：马克笔涂色分层混乱，
金属质感表现不到位。

修改范例八

原稿

问题：无按钮细节表现，明暗区分不开，
　　　质感表达有误。

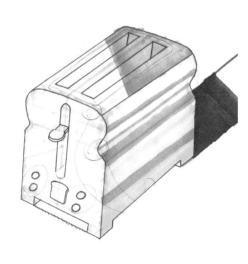

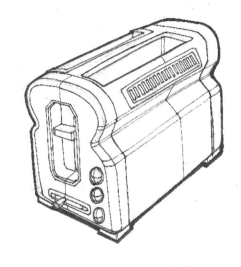

修改范例九

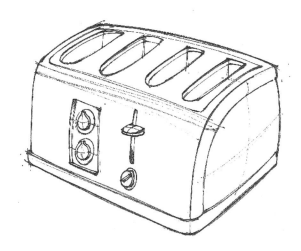

原稿

问题：金属质感表达不到位，马克笔用笔过硬、过死。

修改范例十

原稿

问题：形态跳不出来，不凸显。
　　　整体晦暗，体量感弱。

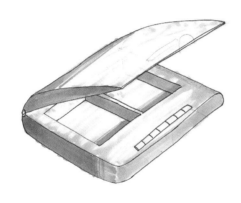

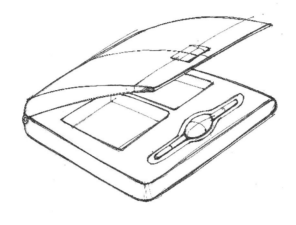

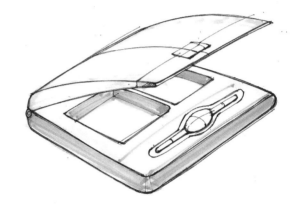

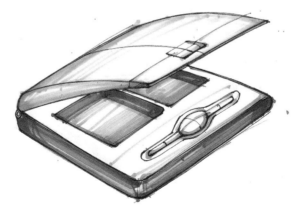

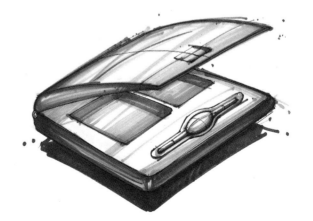

修改范例总结

在透视、线稿、质感等表现要素的训练中，最重要的依然是形态线稿的表现，说到底，精细效果可以由电脑完成，实物可以由模型、样机完成。而设计的初步，从成本角度而言，无论是时间、经济、速度都一定是以手绘表现为首选。所以，本篇依然讲述的是质感，但质感是更深入的，更细化的综合设计，而形态的准确表现依然是基础与核心。

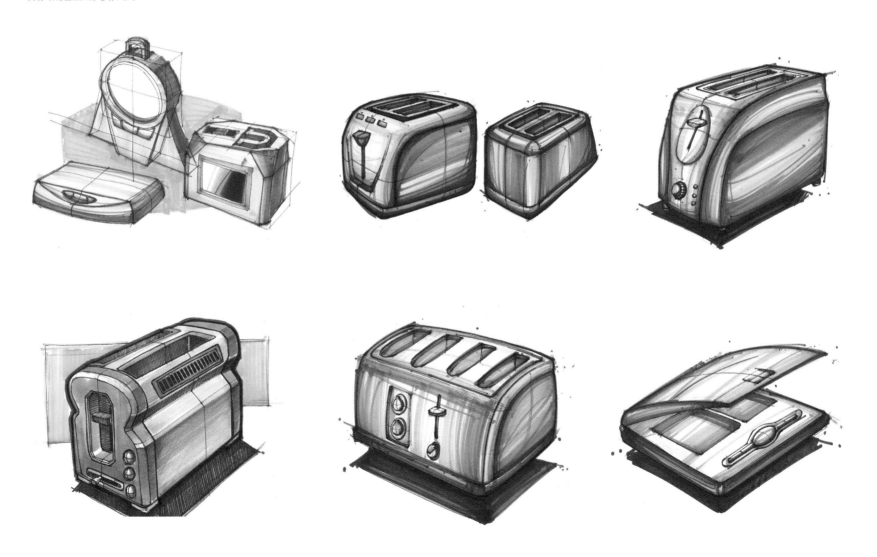

|卷五|

草图

01 | 笔记
02 | 实践课程

卷五
草图
01
笔记

随手涂鸦记录本

　　随身携带一支笔，一个本子，就可以记录你阅读后的心得，同样也可以记录令你动心的画面。随手画上几笔，把书上看到的产品记录到本子里。构思方案时，涂鸦的几笔、关乎设计点的文字、引导视线的箭头、区分性质的方形轮廓，凡此种种，用点、线、面、箭头、颜色、轻重等视觉要素，把你看到的、想到的图文，清楚明白、简洁有力地表现出来。长此以往，视觉语言，或者说，可视化的表现语言，将带领你寻找到新的叙述方式——那绝不止于词汇，甚至可以超越词汇所表达的范围。通俗易懂、简洁明了的表现、叙述方式，将让你的思维变得清晰，逻辑变得简单。

　　草图之所以有个"草"字，不外乎是要宣告：这并不是一张格调严谨、技法讲究的让人"欣赏"的图像，而是在短时间内能让人理解的信息。懂得这一点，就会令你摆脱"我为什么无法画出漂亮图像"的桎梏，而是着眼于将信息表现得清楚。快速记录信息，或在已有信息的基础上，发散出千奇百怪的构思，并继续将这些构思迅速积累到你的记录本中。由此，你的记录本就等同于你脑子里想法的物化形式。不必担心遗忘，不必担心无法发散，并且，你会惊喜于一段时间之后，信息表现的准确与清晰程度。

　　草图化的表现就像阅读。学习阅读不需要天赋，图文的可视化表现，同样不取决于你是否有绘画的基础。

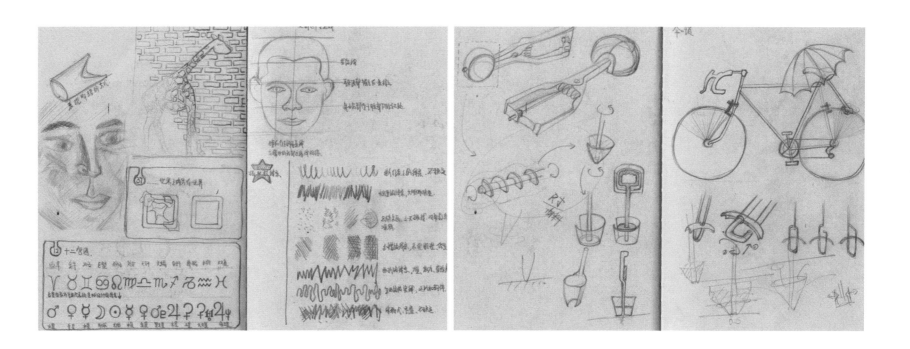

随手涂鸦记录本

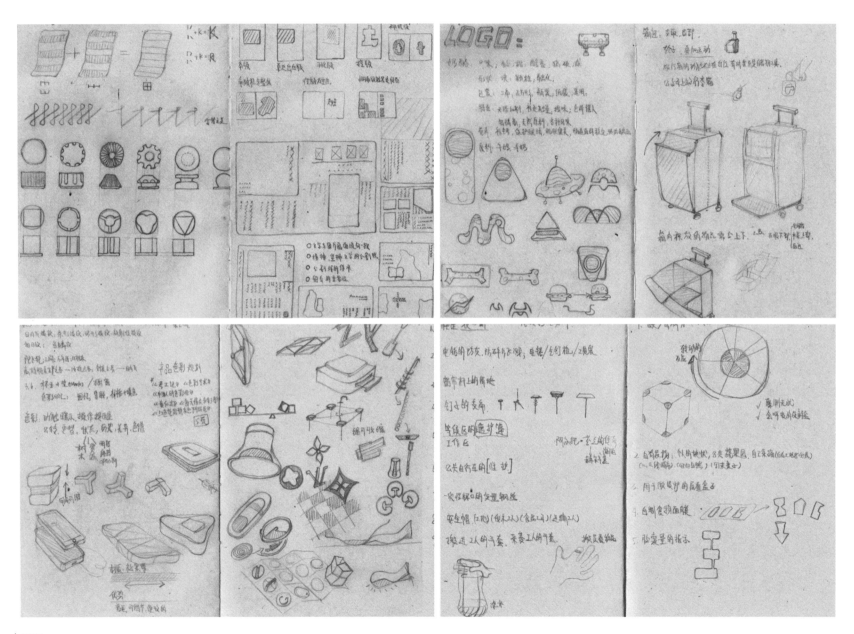

随手涂鸦记录本

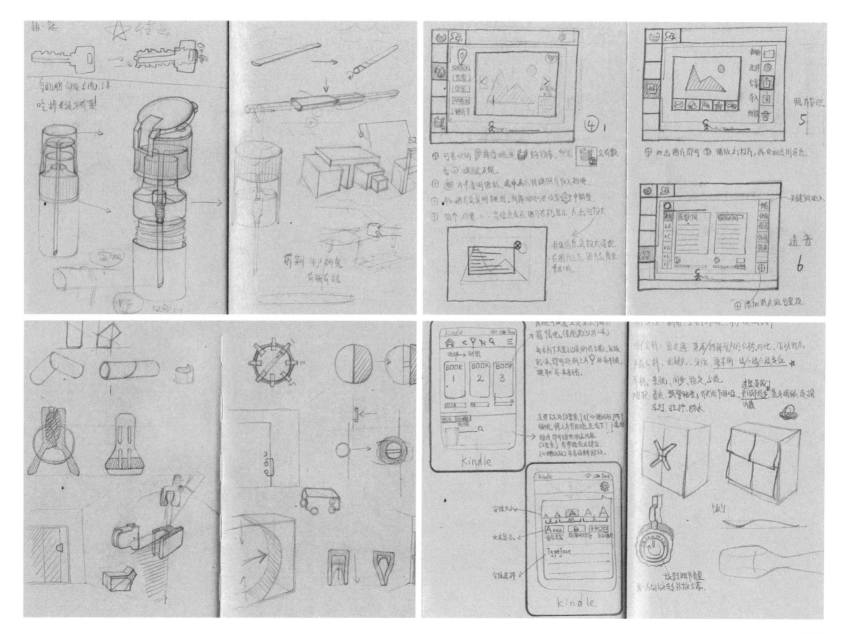

随手涂鸦记录本

  又或者，如果你并没有那么专业的追求，你也可以让随手涂鸦的记录，成为生动有趣的点滴。别让脑子里有趣的想法稍纵即逝，不然……好像有点可惜！

卷五 草图 | 02 | 实践课程

沙发设计草图

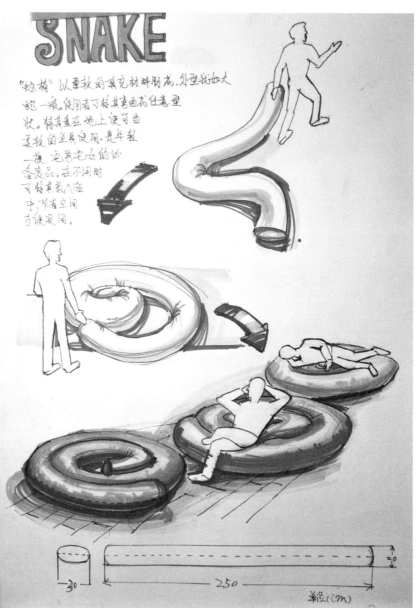

电子设备设计草图

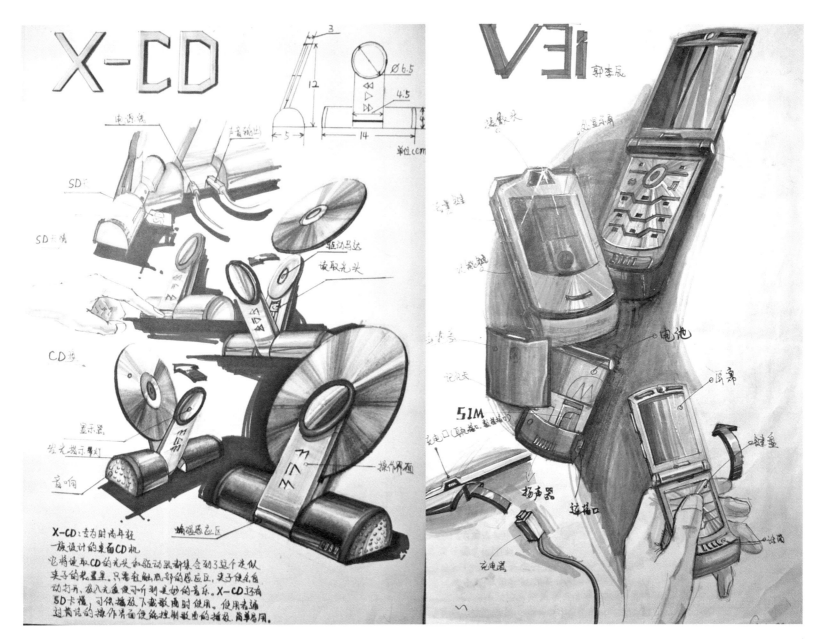

X-CD是专为时尚年轻
一族设计的桌面CD机。
它将读取CD的光头和驱动器都集合到了这个类似
夹子的装置里。只需轻触底部的感应区，夹子便会自
动打开，放入光盘便可听到美妙的音乐。X-CD还有
SD卡槽，可供播放下载歌曲时使用。使用者通
过简洁的操作界面便能控制歌曲的播放，简单易用。

室内木门设计草图

　　使用马克笔来表现实木门以及实木复合门的形态，究其原因是因为绘画者能够通过控制马克笔的笔触及轻重缓急，来更好地呈现木门的肌理和质感。另外，横竖门梃与门芯的比例、玻璃与五金件等配件的形态与位置等构思，适合用正视图来表现设计。

室内木门设计草图

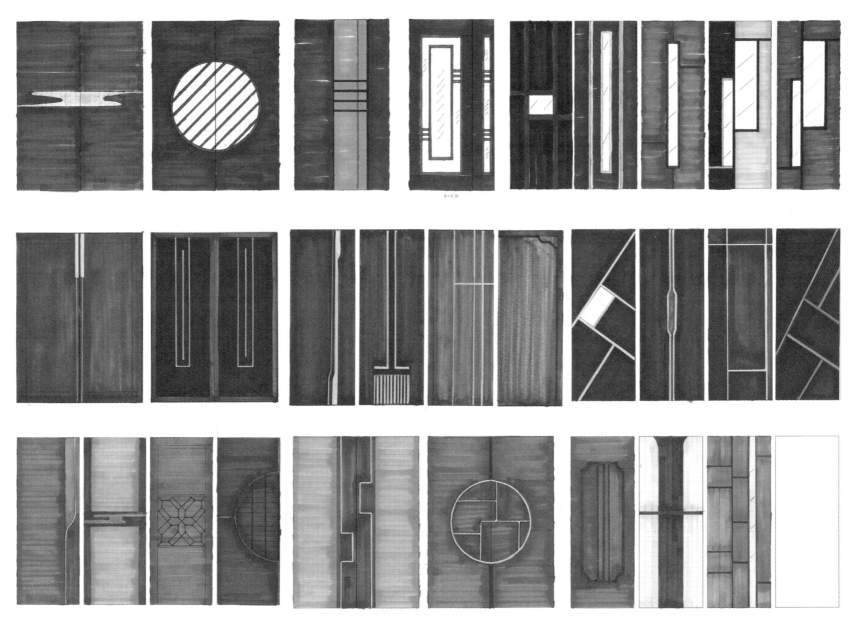

教玩具设计草图

这是一个偏僻荒凉的小火车站，
铁路警察和马贼进行着激烈的战斗

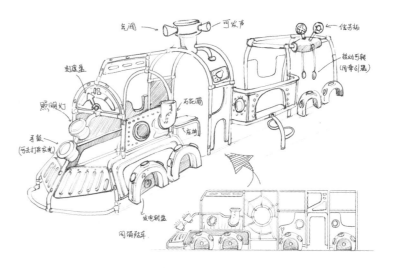

灵感来源：蒸汽火车
外形：复古蒸汽火车外形
适合年龄：2～8岁

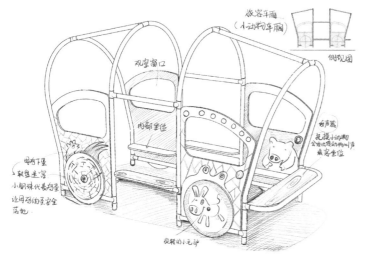

旅客车厢

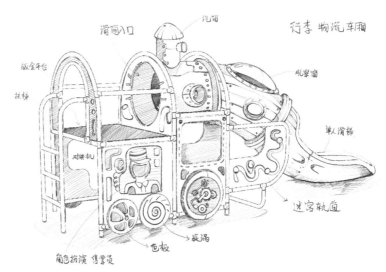

行李车厢

教玩具设计草图

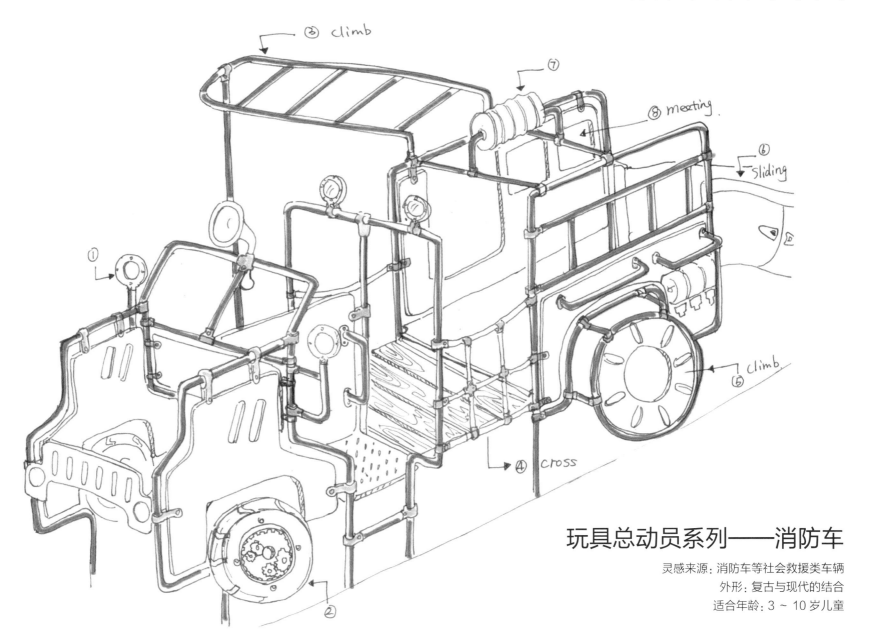

玩具总动员系列——消防车

灵感来源：消防车等社会救援类车辆

外形：复古与现代的结合

适合年龄：3 ～ 10 岁儿童

教玩具设计草图
手绘线稿 + 电脑着色

消防车总动员

现有的游乐设施车辆总是孤立地去设计车辆，我们在构思消防车单体的同时，对其附属设施也大胆引入，使孩子们临场感更强。

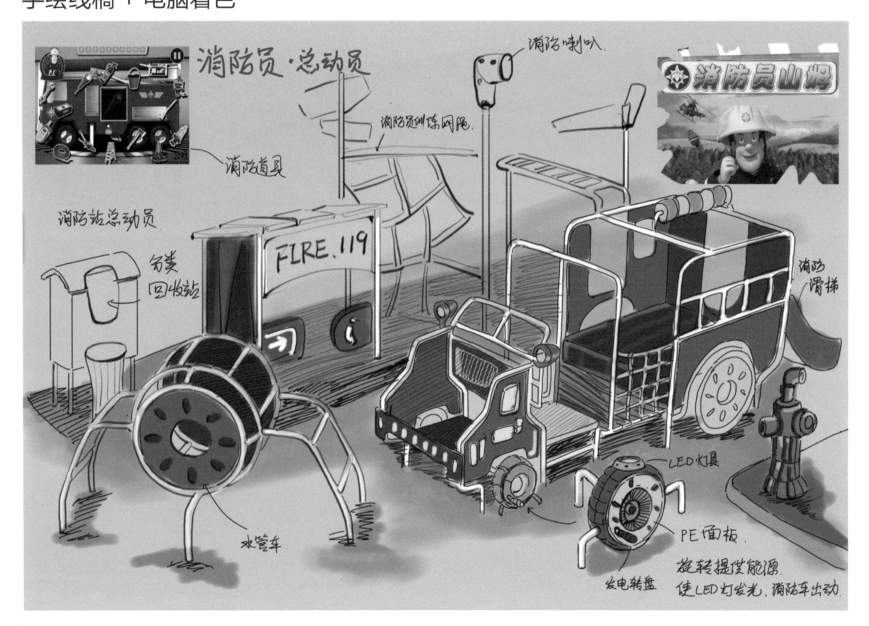

动漫衍生品草图

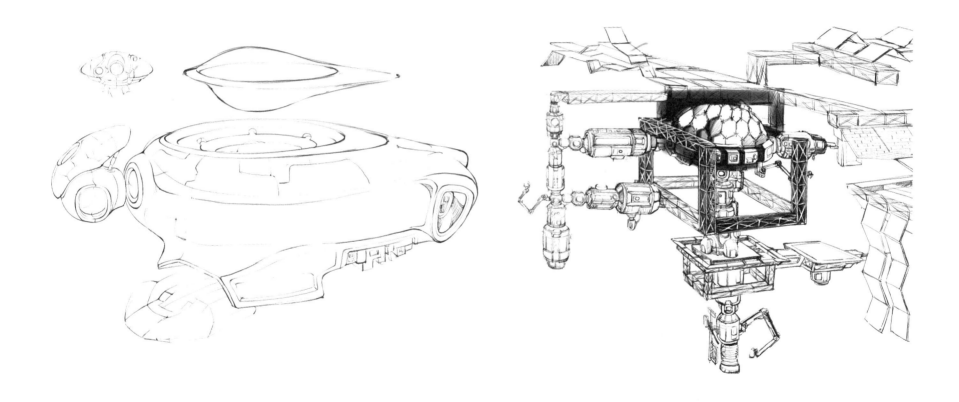

动漫衍生品草图

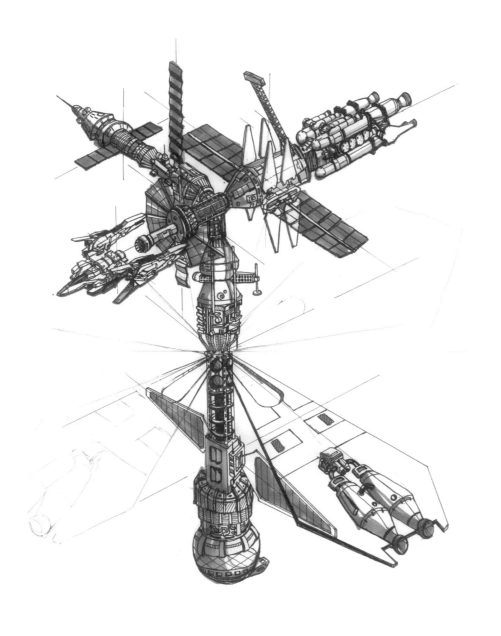

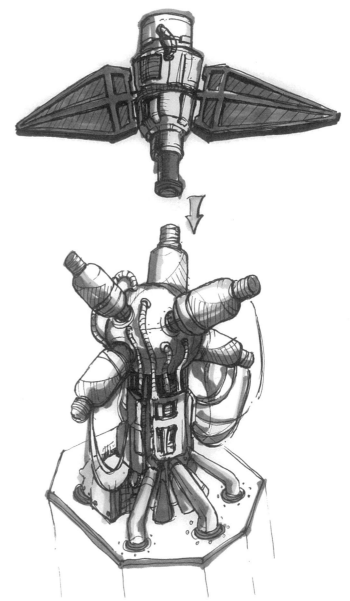

动漫衍生品草图

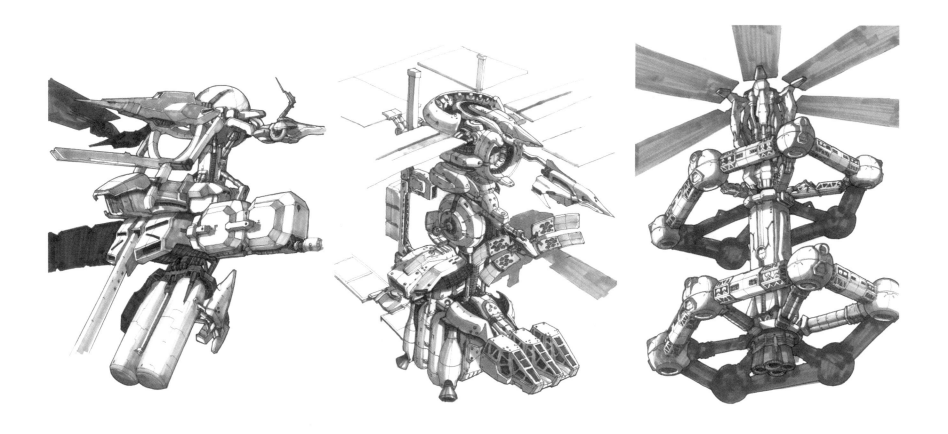

代步车设计草图
手绘线稿 + 电脑着色

　　该方案整体效果简洁、厚重，造型上给用户一种安全稳定的视觉感受，符合老年用户的心理体验。

代步车设计草图
手绘线稿 + 电脑着色

该方案设计整体稳重，在圆润的大块面上追求较小的曲面变化，如车头大灯上方和车尾灯上方曲面微微上翘，稳重的造型体现出灵巧的趣味性。相应地，在表现时，可以选择不同透明度的喷枪来渲染层次不等的反射与高光效果。

叉车设计草图

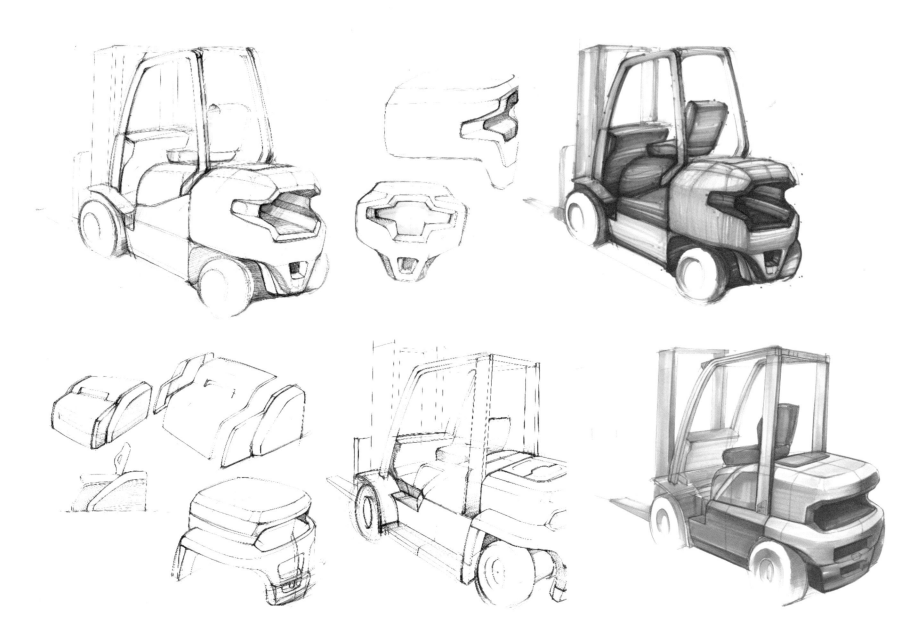

叉车设计草图
手绘线稿 + 电脑着色

手绘稿用电脑着色，一样可以利用手绘表现的原理，即沿着表面结构线与轮廓线来进行"铺色"；分层次叠加色块，以体现层次；当然，电脑着色也有着先天的优势，高光处用喷枪比高光笔来得更犀利，磨砂等表面质感效果可以通过纹理选取来实现等。

叉车设计草图
手绘线稿 + 电脑着色

写在后面

　　这本书是一直想写的，唯时间、精力与学识有限之故，总觉得还能在内容与质量上更上一层楼。事实上，本书的成因，也并非单单是为了让没有手绘基础、理工类背景的工业设计专业的学生提升手绘水平。相反，初衷是希望大家伙儿都能通过身边的一支笔、一张纸，记录与储存脑子里的想法。当我们要策划一件事情时，脑子里有许多团线，很容易互相纠缠交杂在一起。如果一支笔能拨开这些线团，将它们一一按照不同的颜色、粗细、材质等来区分、梳理与安置在一张白纸上，这或许就是一种人的思维重组与表现能力的锻炼方法，是无论哪种专业背景的人都可以学会的技能。与其说是表现的技能，不如说是处事的技能。将事情梳理成简单的表象，策划成逻辑清晰的框架，听起来确实颇为动人，只是笔者仔细一思量，这初衷也未免太大了些，怕是无法承担，还是有些自知之明的好。所以，不妨还是把重点放在工业设计角度的产品形态表现上，去表现清楚产品的两个特点——"什么样子"和"怎么使用"已颇为不易。带着"沟通是相通的"这么一种想法，从草图对于生活中事务策划与说明的帮助，逐步讲到了基于工业设计专业的形态表现。

　　本书的编写工作得到了笔者所在院校与合作企业的大力支持，使得书中的资料更加丰沛。借此机会，向浙江省工业设计技术创新服务平台和杭州飞鱼工业设计有限公司所提供的素材表示感谢，并对丁有治、蔡蕊屹、马怡梦、贾永炘、方佳铭、金秋阳、吕芸芸、张陈晓等朋友表示由衷的谢意。

本书草图主要绘制者（按姓名首字母排序）

戴瑞　　　方雨君　　　郭李辰　　　顾心怡　　　黄奕斐

李枢　　　李愚　　　楼振罡　　　石佳男　　　汤起

汤斯维　　　王雨锋　　　王越越　　　徐海豪　　　姚冲

姚吉　　　奕子娟　　　朱昱宁　　　郑皓中

扫描即可查看相应的手绘视频教程

佟瑶

灯具-线稿-色稿

刘振宇

电机箱-线稿　电机箱-色稿　音箱-线稿　音箱-色稿

乔晓玲

多功能盒子-线稿　多功能盒子-色稿　订书机-线稿　订书机-色稿

严叶耽睿

机器人-线稿　机器人-色稿　面包机-线稿　面包机-色稿

韩梓群

剃须刀-线稿　剃须刀-色稿　理发刀-线稿　理发刀-色稿　灯具-线稿　灯具-色稿　吹风机-线稿　吹风机-色稿

图书在版编目（CIP）数据

草图——设计　构思　表现 / 朱意灏，朱昱宁，徐海豪编著 . —北京：中
国建筑工业出版社，2017.6
　ISBN 978-7-112-20611-7

　I.①草… 　II.①朱…②朱…③徐… 　III.①工业设计 　IV.①TB47

中国版本图书馆CIP数据核字（2017）第063908号

责任编辑：张幼平　费海玲
责任校对：赵　颖　张　颖

草图——设计　构思　表现

朱意灏　朱昱宁　徐海豪　编著

＊

中国建筑工业出版社出版、发行（北京海淀三里河路9号）
各地新华书店、建筑书店经销
北京京点图文设计有限公司制版
北京中科印刷有限公司印刷
＊
开本：880×1230毫米　横 1/16　印张：17½　字数：360 千字
2017 年 10 月第一版　2017 年 10 月第一次印刷
定价：58.00 元
ISBN 978-7-112-20611-7
　　　（30276）